低科技丛书

少年科学家

给孩子们的155个科学实验和制作方案

Popular Mechanics《大众机械》 编

孙洪涛 译

中国青年出版社

出版说明

为了让孩子们远离电子产品，通过手工制作、户外活动等方式锻炼他们的动手能力、激发他们的想象力和创造力，中国青年出版社推出了"低科技丛书"。本套丛书包括《少年工程师》《少年科学家》《少年魔术师》《环保小专家》《户外活动手册》《玩具DIY》，共6种。书中的方案均来自美国著名的科技杂志《大众机械》，这些项目方案看起来并不太"高科技"，却饱含智慧和精巧技艺，能启发孩子们开动脑筋，用最原始的材料和最简单的技术去创造并获得快乐。

书中收集了自20世纪初以来的众多经典项目，其中有些项目可能并不太符合我国国情，或者现在有更好的解决方案。但本套丛书的重点在于开拓读者的思路以及实际动手创造的能力，所以书中并未对这些"传世"的经典项目做任何更新，使读者尽享"低科技"之乐趣。

需要特别强调的是，书中的某些方案或方法、工具等，含有一定的危险性，所以务必请孩子们在成人的监护下并采取必要的安全措施进行操作。在实际制作时，家长或老师可以指导孩子采用更先进的工具、技术和安全措施。

书中方案涉及的尺寸、重量、容积等计量单位均由英制转为公制，具体数字一般精确到毫米。在实际制作时，制作者可以根据实际情况进行调整。

中国青年出版社

2013.12

目　录

第六章　物理世界

前　言

仅仅在上一世纪我们就目睹了许多令人惊诧的科技进展，从人类登月、发现治疗各种疾病的药物到电视机的发明等等。科学深刻而又神奇地改变了我们的全部生活。

你还记得用碎纸屑做万花焰火筒吗？这是一个非常简单的，仅用一汤匙小苏打和一杯醋就可以做的中学科学实验项目，但它却是众多科学成就的基础。大量的创新源自实验室。这就是我们为什么乐意花很多时间在《大众机械》（Popular Mechanics）的文档中探索昔日的"少年科学家"所做的一些最有意义的实验。即使你没有想过在自己的地下室建造超级对撞机，但书中的这些科学实验项目也能使你进入那个神奇美好的科学世界，你需要的全部东西不过是烧杯和本生灯①这种简单的工具，或者仅仅是观察能力。

特别要注意的是，这些实验项目中有一些产生在近100年前，那时的安全标准比现在要宽松得多。我们仍以其原始形态提供这些项目，因为它们所述的实验步骤和理念既能增长知识，又能提高孩子们的研究兴趣。不

---

① 一种煤气灯，是德国科学家Robert Wilhelm Bunsen在1885年发明。——译注

过，复制这些实验时一定要做好安全预防措施。

书中有大量很有意义的实验和仪器装置可做。不管你是仅仅用木棍和桌子做探索声波性质的基础实验，还是制作检测电流的简单仪器，你都将发现主宰我们全部生活的基本科学原理。

在书中，你将去发现电流计的功能，研究如何测量交流电路中的电压，用自制的气压计确定天气预报中有雨的预测是否准确。或者，你可以去研究日晷背后令人着迷的科学道理，学习如何用废弃怀表制作伏安表，用奇妙的潜水瓶做水压实验，以及根据磁学原理设计并建造你自己的航海罗盘等等。

翻开本书并开始你的实验进程吧，这里有每一个少年科学家应该知道的不同寻常的科学实验、工程项目和令人兴奋的科学新发现。

《大众机械》杂志

第一章
实验室工具和技巧

实用仪器设备

· 没有透镜的显微镜 ·

几乎所有的人都听说过针孔照相机，但是，用同样的原理能制造放大能力达64倍的显微镜，这对一些读者来说也许就比较新鲜了。

为了制作这种无透镜显微镜，找一个木线轴A（长度为13或20毫米的线轴能产生较大的放大能力），并将一端的孔扩大一些。然后用墨汁将内孔涂黑，让其干燥。从透明的薄赛璐珞或云母片上切割一小圆盘B。用曲头钉把其固定在有较大的孔的一端。在另一端用胶粘一片黑的薄卡片C，再用细小的针尖在中央D戳一个小孔。这个孔应该非常小，这一点很重要，否则图像会是模糊的。

使用此显微镜时，把一个细小物体置于透明圆盘B上，为了粘住物体，将圆盘弄湿。透过小孔观察，必须有强光才能获得良好效果。并且，对任何显微镜来说，被观察物体应是透明的。

图2说明了该仪器的工作原理。物体的视直径与其离眼睛的距离成反比，这就是说，若此距离减少一半，视直径就为原来的2倍；若此距离减少到1/3，视直径就为原来的3倍，依此类推。由于常人能看清物体的最近距离约为152毫米，因此，距眼睛19毫米的物体直径看起来为正常大小的8倍。那么物体面积就会是原来的64倍。不过，距眼睛19毫米的物体看起来相当模糊，无法分辨出任何细节，正因为如此才采用针孔。

用此显微镜观察，苍蝇的翅膀看起来像一臂之外的人手一样大，图3示出了其大致形状。用同一方法观测到的醋母看起来像是大量蠕动的小虫子爬来爬去，这可能使观察者从此拒食一切色拉菜。在一滴看似干

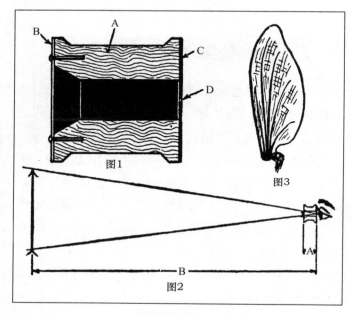

图1

图3

图2

无透镜显微镜。

净、而干草已在其中浸泡了几天的水里，将看到有成百上千个小草履虫在水中朝各个方向奔来奔去。用这个小仪器可观察到许许多多令人感兴趣的物体，制造此仪器几乎没有什么花费。

・显微镜用的可调滤色器・

这种滤色器能与显微镜一起使用，可用四种颜色中的任——种或四

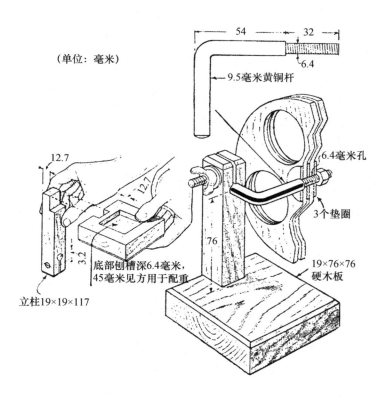

（单位：毫米）

54　　32

6.4

9.5毫米黄铜杆

6.4毫米孔

3个垫圈

12.7

12.7

3.2

76

底部刨槽深6.4毫米，
45毫米见方用于配重

立柱19×19×117

19×76×76
硬木板

色组合使用。它由两个3.2毫米厚的胶合板圆盘组成，圆盘有4个相应的开口（图中只显示了圆盘的一半，其上有2个开口），开口上粘贴了有色塑料片。圆盘以黄铜杆为枢轴旋转，圆盘之间、圆盘与黄铜杆之间、圆盘与及杆上的螺母之间用所示的薄垫圈隔开。

· 小型本生煤气灯 ·

采用下述方法能制作用于小型实验的本生灯：将一根玻璃管拉成图示

的形状，产生一个细孔凹处，用锉刀在A处小心地划一记号并折断，然后在B处划一记号并折断。在软木瓶塞中钻一个与管匹配的小孔。在瓶塞的侧面切出延伸至小孔的V形槽口。把玻璃管的下部弯成直角，并将其插入事先用锯开槽的木块中。用一点胶将玻璃管、瓶塞和基座木块固定在一起。固定前，可将上部玻璃管上下滑动以调节进入的空气量。

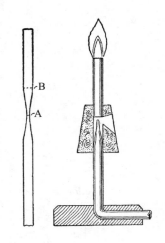

该灯特别适合连续工作，如用于密封包装袋。火焰不会使蜡变色。

· 如何制作导螺杆 ·

实验工作中常常需要一根细长的平行螺杆，用来沿直线调节或移动实验装置的某一部分。制作这样一根螺杆的简易方法就是将长度和直径都符合要求的小直杆全部镀锡。趁热除去多余的焊锡，用足够长的光亮铜线缠绕它，把两端固定。可以同时并排绕两根铜线，焊接前将第二根铜线解开，就能保证螺距均匀。然后将铜线焊牢，方法是把螺杆置于燃气蓝色火焰上方，同时加焊料。为使焊料自由流动，加热过程中常常用浸入过焊剂的小刷刷一下。

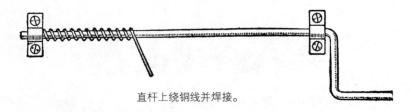

直杆上绕铜线并焊接。

· 有助于在显微镜下画标本的反射镜 ·

学生物的学生和显微镜爱好者会发现，画放大的标本时此反射镜可缓解眼部疲劳，因为标本的图像反射到毛玻璃上，不必通过显微镜的目镜观察。反射镜是一个不透光的盒子，75毫米×75毫米×100毫米，内部有一面成45°角放置的平面镜，如图所示。盒底部有一个开口紧密地固定在显微镜目镜上，在开口上端有照相机镜头把图像引导至平面镜，再反射到毛玻璃上。

成45°角放置的反射镜

毛玻璃

相机镜头

· 微型按钮 ·

用下述方法可以做出非常简洁精巧的按钮：取一个直径1.6毫米的用于皮鞋的穿线圆孔眼。在打算固定按钮的板上的适当位置处钻一个孔。将圆孔眼平整压入，用少许虫胶固定。为使按钮活动自如，将一段黄铜杆抛光并把一端弄圆，黄铜杆的直径应使其在圆孔眼内能上下自由移动。在杆下端焊一小块黄铜片防止其脱落，再调节和固定两个接触铜片（见示意图）。较大的铜片应该弹性较好，以便每次都能将按下的按钮复位。在固定接触铜片的两个螺丝钉下塞进导线就可以把按钮连接进电路。

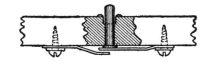

　　每一个做实验的人都知道，在光洁的表面上钻孔而不留下粗糙边缘几乎是不可能的。当要求为导线这类东西在仪器上制作开孔时，只要用普通钻机钻一个孔，然后嵌入皮鞋上的小圆孔眼，立即会呈现出非常精致的外观。

· 自制测微计 ·

　　常常需要很薄的材料的厚度，直尺或其他测量工具又没法完成。可以建造一个附图所示的简单、相当准确而又易于制作的装置。找一个直径6.4毫米、长64毫米的普通铁螺栓或黄铜螺栓，螺纹越细越好（螺纹应切割到离螺栓头很近的地方）。螺栓头上应切出螺丝刀用的沟槽。将两块木头夹紧在一起，两块木头分别宽25毫米、厚19毫米、长64毫米，在两端钉小木片将它们固定。木头组合的宽度就为50毫米。在木块组合中央钻6.4毫米的洞，把螺母置入木块中。从木块组合上切去一部分，使其形如工作台，把台脚用胶粘在64毫米见方的薄板上。

　　将50毫米长的硬金属线的一端接在螺栓头上，与轴成直角。将硬纸板圆盘固定在台顶。圆盘的半径要等于金属线的长度，在其周长上等距离标刻度，用以测量金属线端头的转数。把螺栓放进孔中，将其旋入螺母内。将一小木片固定在台脚之间的板上作为用于测量工作的基座。用胶把一小片金

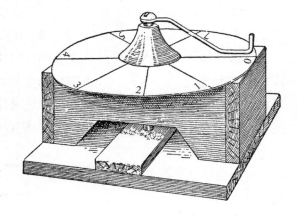

属粘在螺栓与此木片相接触的地方。

　　将螺栓置于量尺上，数出其1厘米长度中的螺纹，即可求得该螺钉单位厘米长度包含的螺纹数。螺栓转一圈下降的距离等于螺纹间距。

　　使用此工具时，将待测量厚度的物体放在螺栓下面的基座上，向下旋转螺栓直至其端头正好接触到物体。然后将物体取出，再向下旋转螺栓直至其端头正好接触到基座。操作时，精确地记录金属线端头在刻度盘上运动的圈数，不到一圈时计为分数。螺栓转动圈数除以单位厘米长度的螺纹数就是物体的厚度，厚度的单位为厘米。用这一仪器可获得十分精确的测量结果，在没有昂贵的测微计时，它极其有效。

· 衣夹用作试管夹子 ·

　　弹簧衣夹正好用来夹持直径为13毫米的试管。衣夹的夹头内有弧形凹口，恰好绕试管固定。要夹住直径大于13毫米的试管就必须将夹头内的凹口扩大。

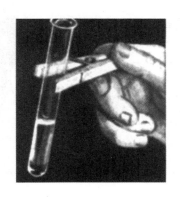

· 实验室强力过滤器 ·

示意图说明了在小型实验室广泛采用的强力过滤器。水在水龙头处通过软木塞流出，形成微小的真空，通过软木塞上的侧管以平稳流速抽吸三颈瓶中的空气。管子可以与过滤器连接，极大地有利于过滤。如细节图所示那样完成水龙头的连接，水从软木塞中出来。在软木塞上钻一个足够大的孔正好使水龙头穿过，再在旁边钻一个与中心孔相通的斜孔，用于插入管子。斜管的下端应稍稍弯曲。软木塞的下端也安装一根管子，它可以拉出以增加抽吸作用。

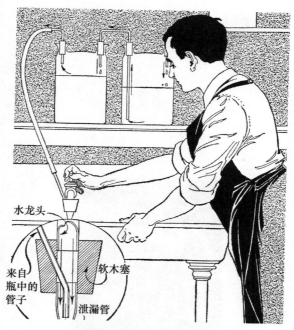

流过软木塞的水形成小真空，增强过滤。

· 用钉子和垫圈制作快速开槽工具 ·

　　如果你曾遇到过切割图中所示的细缝或小槽的难题，你就会了解这一简单妙策的潜在价值。在长度为76毫米的钉子的头部锉出一些齿（如图示），将钉子切割成适合钻机夹具的长度，突出部分尽可能少，你就能在中等硬度的木料中加工T形缝、底切和开槽。以上述加工钉子头的方法在多个垫圈的边缘锉出一些齿，用这些垫圈就能进行多缝加工。用机器螺栓制成优良的心轴，间隔圈用来把切割刀置于要求的位置。制作这些专用工具中的任何一个只需几分钟，而且十分耐用。

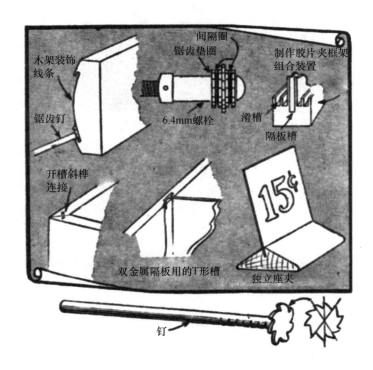

木架装饰线条
锯齿钉
开槽斜榫连接
双金属隔板用的T形槽

间隔圈
锯齿垫圈
6.4mm螺栓
滑槽

制作胶片夹框架组合装置
隔板槽
15¢
独立座夹

钉

· 如何防止长软管滑离挂钩 ·

实验室中的长软管常常会滑离墙壁上的挂钩。为了解决这个问题，一个老师将一对玻璃图钉钉入挂钩下方的墙中。这使软管保持在挂钩位置上，且在需要移开软管时不会有什么麻烦。

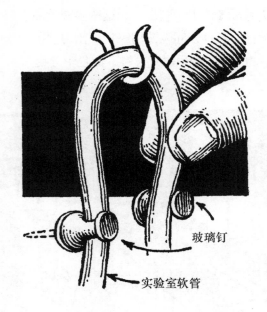

玻璃钉

实验室软管

· 快速调整卡钳的楔形木尺 ·

这种楔形木尺的宽度从64毫米至13毫米逐步变细，它可节约调整卡钳的时间，你只要在所需分度线处握住卡钳两脚，让卡钳两脚靠紧木尺的两侧即可。木尺是用硬木制成的，分度线的间隔是沿长度以1.6毫米逐步变化，用防水黑墨水画出。

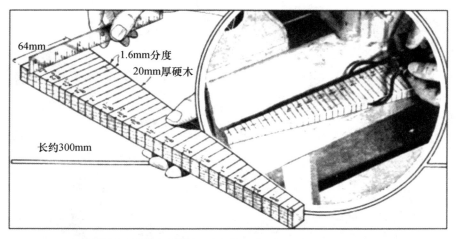

把此楔形木尺放在车床边上，在经常要设定卡钳时可以省许多时间。

· 更新量杯上的标记 ·

　　量杯（特别是测量碱性物质的量杯）被长期使用后，刻度会变得模糊，读不出来。很容易用下述方法恢复刻度。用在酒精中稀释的白紫胶溶液浸湿一小块能吸液的棉花，去擦拭所有模糊的部分并干燥2分钟左右，然后用旧牙刷擦进白垩粉或铅黄。若希望红色，用红铁粉；若希望黑色，用灯黑或石墨粉。干燥后，用沾有酒精的布将多余的颜料擦去。

· 用铁环架能做些什么 ·

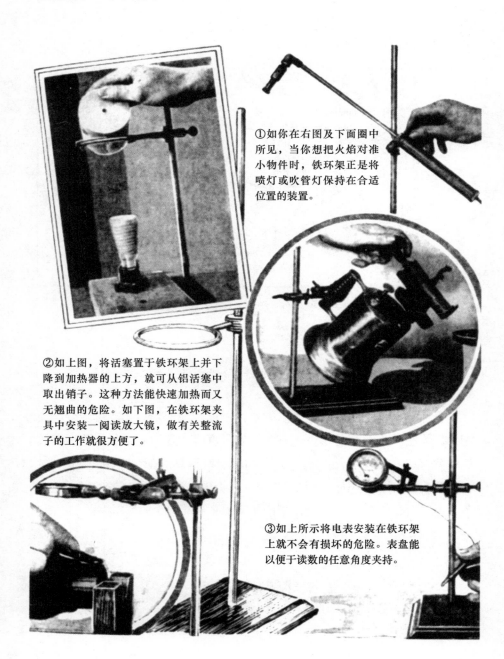

①如你在右图及下面圈中所见，当你想把火焰对准小物件时，铁环架正是将喷灯或吹管灯保持在合适位置的装置。

②如上图，将活塞置于铁环架上并下降到加热器的上方，就可从铝活塞中取出销子。这种方法能快速加热而又无翘曲的危险。如下图，在铁环架夹具中安装一阅读放大镜，做有关整流子的工作就很方便了。

③如上所示将电表安装在铁环架上就不会有损坏的危险。表盘能以便于读数的任意角度夹持。

· 实验室蒸馏器用的冷却管 ·

用下面的方法很容易为业余实验室用的蒸馏器制作一个简单而又非常有效的装置，替代蒸馏器笨重的冷却管或冷凝盘管。

取一根直径大小合适的玻璃管，在本生灯的弱火焰上加热，使得一次只有管子的一小点烧红。然后用事先削尖并烧焦的木杆（例如笔杆），把烧焦的一头轻缓地压入管子的烧红部分从而在管壁上产生一个小凹坑。重复此过程

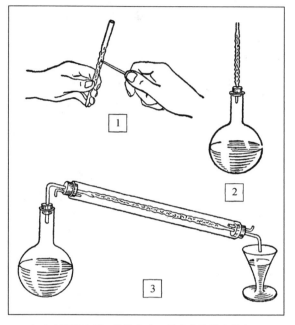

在玻璃管壁上压凹坑的方法及其在蒸馏器上的应用。

直至整个管子上布满小凹坑。凹坑应绕管子制成螺旋状，这样可增加与冷却水接触的表面。制作凹坑的操作示于图1。凹坑壁应该规则而均匀地倾斜。

这样制成的管子可以用作烧瓶上的精馏器（图2），用于分馏，因为它允许最易挥发的部分首先出去；也可以用作冷凝器（图3）。业余爱好者将发现制作此管子比很长的盘管要容易得多。

· 如何做一个抽吸装置 ·

我们可以制作一个简单的抽吸装置，它有多种不同用途，如加速过滤过程、抽空管中的水、在装有正在石蜡中烧煮的盘管的烧瓶内产生部分真空等等。其做法如下：

取两件尺寸如下的黄铜管材：一件的长度是178毫米，外径19毫米；另一件的长度是76毫米，外径6.4毫米。在大管子一侧距一端约76毫米处钻一个孔，其直径大小使得小铜管与其配合非常紧密。用普通弓锯在大管子一侧锯一狭缝，如图中A处。此缝斜锯入管子，从一侧延伸至中心。取一个与此缝配合紧密的铜片，然后将它和小铜管焊进大铜管。大铜管上的狭缝与孔相互之间的位置安排应使小铜管排入大铜管的东西直接对着焊在缝上的铜片。

大铜管的上端要内刻螺纹，与水龙头上的螺纹适配；或焊接一个类似用于橡胶软管端头的附加装置。橡皮管要接到小铜管，并连接到大瓶顶部软木塞中的一根玻璃管上（如图所示）。固定滤纸的漏斗也密封在软木塞中。可用熔化的石蜡密封玻璃管、漏斗和软木塞至合适位置，一

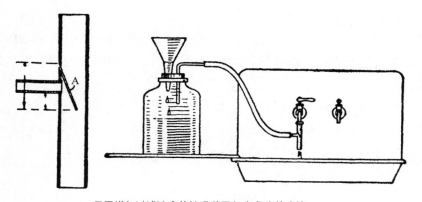

用于增加过滤速度的抽吸装置与水龙头的连接。

定要使它们气密。滤纸应折叠，使其在液体倒进时紧紧贴住漏斗侧边，防止空气在滤纸和漏斗之间进入瓶内。打开水龙头就会发现过滤任何液体的时间将大大减少。但要小心，不要开太大的水流，因为抽吸作用可能太强，会使滤纸穿孔。

· 制作一个奇异绘图仪 ·

所谓奇异绘图仪是一台极其令人感兴趣的装置。构建方便且花费不多，用于娱乐和教学都特别适合。它是一台画图装置，它能产生各种各样的图案（对称的、装饰性的和一些奇异复杂的图案）。图1表示了下图中的装置的结构。这是最容易制作的，与其他任何装置一样会产生各种各样的图案。

三个开槽圆盘用螺钉固定在一块宽木板或废弃的木盒底板上，以便能绕中心自由转动。圆盘可以用几块薄板锯出来。若想更好一点，用三块在赭色木构件中普遍使用的装饰板制成。用最大的一个作为旋转台（T）。G是导轮，D是带有手柄的驱动轮。取一根在任何用具商店可以购得的914毫米的直尺，在一端钉25毫米厚的小木块，穿过直尺和这个

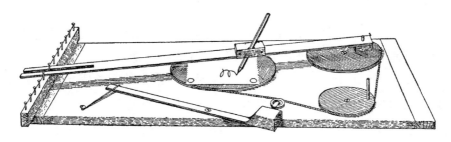

易于制作的奇异绘图仪。

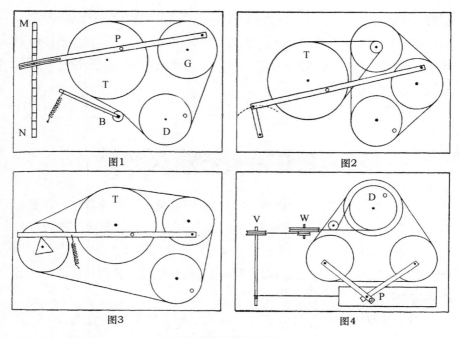

图1 图2 图3 图4

奇异绘图仪结构示意图。

小木块钻一孔，用木销钉面对导轮给它们装上枢轴。将一支自来水笔或铅笔置于P处，并用橡皮筋保持笔在直尺上的有刻槽的木块中。

一段带状木头（MN）固定在宽木板的一端。其高度正好使直尺与台面平行，在它的上边缘钉一排小钉子，钉子只有部分钉入。这些钉子中的任何一个都可用于将直尺的另一头就位，如图所示。若各圆盘安装不太稳定平衡，可以附加条状绷紧杆B，用弹簧或橡皮筋拉住它。

装置调整得运行平稳后，用几颗图钉将一张绘图纸固定在转台T上，调节绘图笔使其轻触绘图纸，再转动驱动轮D。结果令人又惊又喜。所附的图案是由上述非常简陋的圆盘和皮带组合绘出的。

装置应有一速度，使笔在纸上以与常规书写一样的速度移动。笔在

在奇异绘图仪上绘制的各式图样。

纸上移动时墨水的流出要顺畅。笔尖要很细，防止线条重叠在一起。

　　这种奇异绘图仪的尺寸是可以变化的。图中较大的图案是在直径152毫米导轮带动的直径203毫米转台上绘出的。驱动轮的大小对图案的形状或尺寸没有影响，但装置其他任何部分的改变对获得的结果几乎都有很大影响。如果笔架可以沿直尺的不同位置固定，且导轮上有与圆心距离不同的钻孔用于放置连接直尺的销钉，就有可能形成大量的不同图案。即使是细微的变化也将极大地改变图形，或给出全新的图形。只要将传动带扭转使得转台的方向反转，图案就会改变。

改造这一简单机械装置的方案仅仅受限于其创造者的智慧。图2至图4是众多改造方案中的几个。少年们都很乐意制作一个奇异绘图仪并做出许多改进。尽管制作和改造的装置简单，但它将引发潜力，将在以后的日子里沿着更实用的思路发展。

· 如何制作简易蒸馏器 ·

蒸馏水的蒸馏器可以由试管、一些厚橡皮软管和普通瓶子组成。取一个用于试管的瓶塞，通过中心钻孔，孔内放入一段管子。瓶子也用含有一段管子的瓶塞塞紧，瓶子和试管用橡皮管连接起来。

试管内注入部分水后被夹住置于本生灯上方。瓶子应立放在盛有冷水的盆中。试管中的水开始沸腾时，蒸汽就经橡皮管进入瓶中冷凝。盆中水开始变热时，要尽快续入冷水。橡皮管不能长期耐热，若蒸馏器打算多次使用，要用金属管连接试管和冷凝瓶。

水的蒸馏。

· 实验室气体发生器 ·

右图说明了为经常需要大量气体的实验室设计的气体发生器。托住倒置大瓶的搁板是厚木板，为了加固整个设备，用25毫米铜带紧绕瓶子并用螺钉旋入木构件固定。上搁板是最后装配的，其上放置的瓶子装有产生气体需要的液体。所示的泵用来启动虹吸管。用于发生器的大瓶容积可以为11.5或19升，将其放置到位（如图），在瓶口放足够数量的固体试剂后，再将出口管固定到合适位置。不管要求什么气体，为了不使固定工作受干扰，足够数量的固体材料要最后放进去。

大容量气体发生器，气体可自动取出。

一切准备妥当后，用泵缓缓地启动虹吸管的液体，从下面进入发生器。液体与固体材料作用产生的气体很快充满整个瓶子。如果需要硫化氢时，松开出口管上的螺丝夹，气体就进入水瓶内使其饱和。在其他情况下，产生的气体足够时，就拧紧螺丝夹，气体迅速达到相当高的压力，迫使液体离开发生器返回上面的瓶子。整个装置进入平衡状态，发生器内的气体下次使用。

· 自燃煤气 ·

　　最有趣的简易化学实验之一是制造能在空气中自燃的气体。一个有软木塞的烧杯，软木塞上钻孔放两根弯玻璃管，一根伸到距烧杯底部很近的地方，另一根则刚好露出在软木塞下。烧杯内倒入一半氢氧化钠或氢氧化钾溶液，加入豌豆大小的一粒黄磷。任何时候都要防止这些材料溅出接触皮肤，因为它们的腐蚀性极强，会造成烧伤。最长的玻璃管与一个类似于室外烤架用的小煤气罐连接，另一根连接一段橡皮管，如图所示，浸没在一盆水中。烧杯搁在支架上，点着的酒精灯放在下

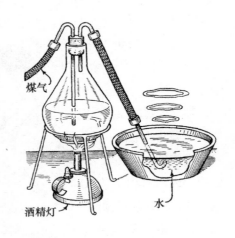

煤气

酒精灯

水

面。开通煤气，当烧杯中的溶液开始沸腾时，迫使煤气和蒸汽产生的混合物通过浸没在盆中的管子。一旦气泡到达水表面，它们就爆裂并呈现为环圈形状，逸出与空气接触时就会自燃。

第二章
测量我们的世界

· 独立测量树的高度 ·

临近期末，有孩子宣称："园中的枫树高度是10米。"

大家问道："你是如何知道的？"

"测出来的。"

"怎么测的？"

"用米尺和直尺测出来的。"

"你没有爬到这么高的树上去吗？"他的母亲好奇地问道。

"没有，妈妈。我是测量树影的长度。"

"但树影的长度总是在不断变化的。"

三角形测量法。

"没错，妈妈。但一天有两次树影正好与其本身一样高。整个夏季我一直在关注这一点。我将一根杆子插入地中，当杆的影子与杆一样长时，我就知道树影的长度也刚好与树高一样，就是10米。"

上面一段对话曾经出现在每日送到办公室的一份日报上。此报道的标题是《一个聪明的男孩》。现在我们不知道报道的男孩是谁，但我们知道另一个聪明的男孩，他粗略测量树的高度不用等待太阳以一个特定角度照射，或完全不用太阳照射。这第二个男孩解决同一难题的方法是：他将一根直杆插入地中，再在对齐眼睛高度处切断此杆。然后他走开对树进行观察，并在心中大致估计树的高度，再沿地面找到合适的距离，重新插入直杆。然后他背靠地面躺下，把脚顶住直杆后越过直杆看树顶。

若他发现直杆顶与树顶不一致，他就尝试一个新位置，直到他能刚好越过直立杆顶端看到树顶。下面他要做的只是沿地面对他躺下时眼睛所在位置进行测量，从而得到树的高度。

这一方法的原理是，男孩与直杆组成了一个直角三角形，男孩是一条直角边，直杆是另一条直角边（两者长度相同），而"视线"是三角形的斜边或长边。当他的位置使他能刚好越过杆顶看到树顶时，又得到了一个直角三角形，以树为直角边，他的眼睛与树干的距离为另一条长度一样的直角边，视线为斜边。他可以测量沿地面的直角边，它就等于垂直高度，进行这一工作时不用以太阳做参照物。这是众所周知的三角形性质的直接应用。

· 轻松计算的诀窍 ·

通过简简单单地将数字重新排列就能作出的一个计算，很容易使轻信的人迷惑不解。若两个数字41,096与83以相乘的形式写出，很少有人不经过常规计算就试图直接写出答案。只要将3置于4之前，8置于6之后，就立即得到答案，即：

$41,096 \times 83 = 3,410,968$。

同样方式可以处理更大的数字：

$4,109,589,041,096 \times 83 = 341,095,890,410,968$。

· 手边的日历 ·

"9月、4月、6月和11月有30天，"等等，有许许多多的格律和器具用来帮助我们记住一年中每一个月有多少天。不过，这里要说明确定任何一个月天数的最简单方法。将你右手的食指放在左手的第一个指关节上，称此关节为1月；然后将你的手指往下进入第一与第二指关节的凹陷处，称其为2月。然后第二个指关节就为3月，依此类推，直到小指关节处为7月。再在第一关节处以8月重新开始，继续下去直到12月。落在指关节上的每一月有31天，落在指关节间的每一月则为30天，2月份是例外，只有28天。

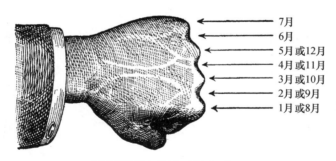

落在指关节上的每一月有31天。

· 什么是海里 ·

在海军水文办公室答复相关咨询问题而发布的公告中，下列信息是作为海里的官方定义给出的：在美国，用于航海测量距离的单位是海里或节①。其海里的长度是1853.27米。在英国，其法定海里是1853.18米；

---

① 节，航海速度单位，符号kn。每小时航行1海里的速度是1节。

在法国、德国和澳大利亚，海里的长度是1852.03米。地理英里是地球赤道上经度相差1分的弧长，长度为1855.36米。专门用于地面测量的法定英里为1609.34米。

· 自制气压计 ·

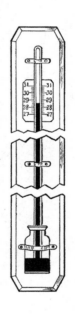

气压计是用于测量大气压力，从而能预知天气变化的常见仪器。业余科学家很容易制作自己的气压计进行气象研究。

取7克樟脑粉末、62克硝酸钾粉末、31克硝酸铵溶解在58克酒精中。把溶液倒入细长的瓶中，在上部用囊状物堵住，囊状物上要有针孔便于空气进入。雨来临时，固态颗粒趋于逐步增长，在液体中形成小晶体，除此以外液体仍然是清澈的。若强风接近时，液体就变得似乎在发酵，表面形成一层固体粒子。晴朗好天气时，液体保持清澈，固体粒子沉在底部不动。

· 罗盘时间图表 ·

做一个小小仪器就可以知道地球上任何地区的时间。它的结构极其简单。在一张纸上画一个直径约38毫米的圆，再绕此圆画一个直径约100毫米的大圆。把大圆分成36等份，再从一个圆到另一个圆画出像轮

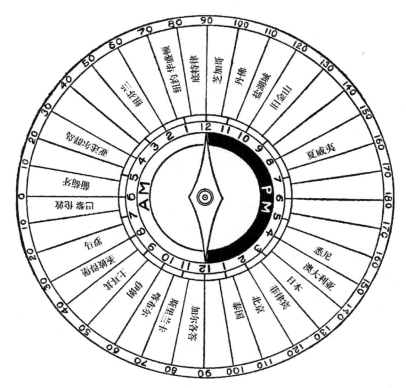

能告知地球上任何地区时间的时间图表。

辐一样的直线。相邻两线之间是10度，或时间的40分钟。绕外侧将它们标上数字。如图所示，从标为0处开始，顺时针用10的倍数标记，直至180度就完成了一个半圆的标记。接着顺时针在180度基础上以每次减少10做标记，直至回到起点0。

利用东、西半球地图，将地球上不同城市的名字写在它们对应的经度中。小圆被分成24部分，代表白天和晚间的小时数。从1到12标记它们，左侧是上午，右侧是下午。午夜标识所在的位置必须最接近仪器使用地的那条线。示意图中设置于芝加哥。

圆盘裱贴在薄木板上，把一销钉从背面穿过其中心，以便在正面形成一个安装罗盘磁针的凸出点。磁针可以从任何廉价罗盘上取得。

为了给出任何城市或国家的当前时间，只要转动这仪器使得该地地名指向太阳。而罗盘磁针的指北端就指出了该城市或地区的当前时间。

· 测定打雷时间 ·

如果你像许多大大咧咧的气候观测者一样，你也许会着迷于惊人的闪电以及随后而来的震耳欲聋的雷暴声。但作为少年科学家，你也许会问，为什么闪电与雷声不同时发生。

实际上它们是同时发生的。在瞬息产生的闪电中，空气被加热到可与太阳热度相当的温度。空气加热时膨胀，然后又很快收缩，就产生我们所谓的雷声。

不过，这仍然不能解释为什么我们看到闪电后过一会儿才听到雷声。实际上答案非常简单。光的传播比声音要快得多。所以，发生闪电的地方离得越远，看到闪电与听到雷声的间隔就越长。实际上你可以根据此原理确定闪电离你有多远。测出闪电与雷声相隔的秒数，再乘以340，就可以相当可靠地估计出以米为单位的闪电离你的距离。

· 用玻璃量筒做的趣味雨量计 ·

100立方厘米的量筒再加一个正确设计的漏斗就非常适合精确地测量降雨量。用图示的漏斗，量筒的每一分度指示的是0.254毫米降雨量。漏斗的三部分加工成图示的尺寸和形状，焊装在一起。部分C设计用于

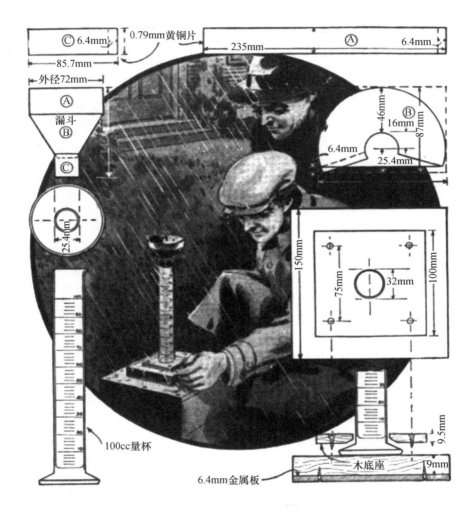

© 6.4mm　0.79mm黄铜片　235mm　Ⓐ　6.4mm

85.7mm

外径72mm

Ⓐ
漏斗
Ⓑ
©

46mm　Ⓑ　16mm　87mm

6.4mm

25.4mm

25.4mm

25.4mm

150mm

100cc量杯

75mm　32mm　100mm

9.5mm

木底座　19mm

6.4mm金属板

内径25.4毫米的量杯。最关键的尺寸是部分A的内径，它应尽可能为70.6毫米。必须有一个稳固的基座，使其在强风中稳定。量具要置于远离建筑物、大树等等的开阔地带，并将其提升至离地面0.3米左右，以得到最精确的测量结果。

· 自制水表 ·

需要计量大水量的地方，可用图中所示水表得到与昂贵的水表同等的结果，且制作便宜。测量水用的容器做成菱形（图1），分割为两个三角形口袋，每一个容量为1.9升（或其他适合的容量）以便处理水流。

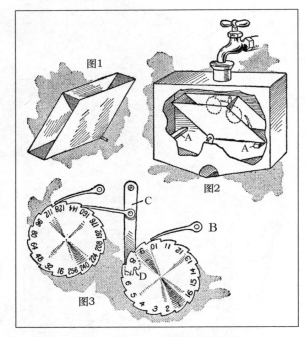

桶中充满一定水量时，水的重量使桶翻转。

形成口袋的部分在固定于下面的轴上摆动，轴固定在盒侧壁，如图2所示。限位器A置于盒中合适的地方。当1.9升水或更多的水注入容器中时，水就溢出。当一个口袋充满水时，水重将使其翻转，使另一口袋提升，水流入其中。

记录设备由一个或多个用棘爪和棘轮操作的轮子组成，用来记录倒空的袋数。第一个轮子用棘爪B一次转过一个齿口（图3）。若每一袋盛1.9升水，轮子刻度就如图所示，因为每袋必须倒空才能使轮子转过一个齿口。第二个轮子用杠杆和棘爪操作，它是由位于第一个轮子内的销子D推动的。采用类似方法可以组成任何数量的轮子。

· 望远测距仪 ·

这种简单的测距仪可以在工作及游戏中用于估计距离，制作便宜，其价格与很多廉价的、在玩具商店能买到的双筒望远镜相当。不仅仅是玩具，它可以做精确的工作，特别是在0.9—15.2米的距离内。所以它就被从事大量室外摄影的人使用。

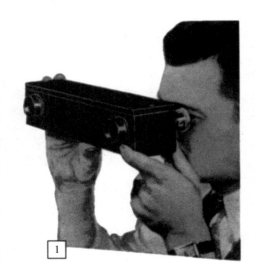

使用时，通过后面的目镜观察（图1），用通常的方法将目镜移进移出进行聚焦。你会看到两个图像A和B（图2）。再移动后面的滑动指针（图3），使图像B与A重叠，然后你只要读出刻度表上的距离就可以了。

用于制作本文描述的测距仪的双筒望远镜能放大2.5倍，完全展开时为100毫米长。若镜盒的尺寸做相应改变时，长一点或短一点的双筒望远镜也可用于同样目的。采用一个目镜、两个物镜（在镜筒前端的

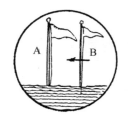
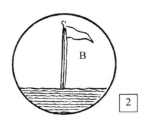

聚焦后，移动指针使两个图像合一，就可从刻度表上读出距离。

透镜）以及两个优质平面镜。

测距仪的内部构造如图4和图5，光学系统原理如图6。要注意，图4和图6中右侧的旋转平面镜的前面直接就是一个镜筒的前部，透镜已从此镜筒上取下。平面

镜附着在可移动杠杆上，用滑动块调节此杠杆。这一平面镜捕捉到的图像反射到二号物镜，二号物镜就是从镜筒取下的透镜，并胶粘在一段纤维管材中，纤维管材的位置如图所示。通过二号物镜后，图像投射到

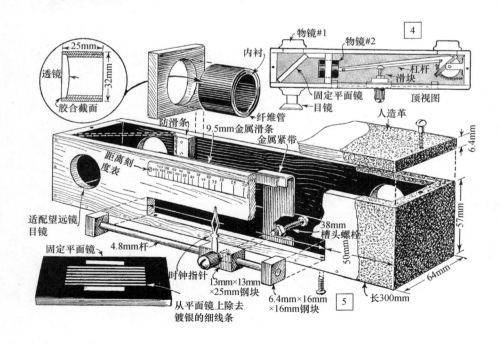

以45度角固定在镜盒左端的第二个平面镜。固定的平面镜是半透明的，以便它既能把从右边来的图像反射进入后面的目镜，也能使从一号物镜进来的图像通过，进入目镜（一号物镜是有完整透镜的另一镜筒的前部）。因此在调节滑块使两图像合一前，你将看到双重图像。可以用部分镀银的平面镜，也可在镀银层上划一些平行细线条，如图5左下的细节图所示，两种方法均可使固定平面镜半透明。

连接旋转平面镜的杠杆长度、其边缘的挺直度和移动部分的精度，在很大程度上决定了仪器的精确度。图7对杠杆作了详细说明。它由一块硬压木板制成，上面拧住一黄铜带或铁带（见图示）。附着在滑块上的螺钉对着金属带滑动。注意，螺钉的头要锉去一半。在杠杆大头处要安装一个小螺旋弹簧，弹簧放置在杠杆圆头中的浅槽内。用平面镜夹具上的固定螺钉将旋转平面镜可靠地锁住。

最后制作刻度表。调整平面镜将无限远距离引至刻度的最左边，然后锁定它。瞄准月亮或大的星星确定无限远距离。若你瞄准距离测定好

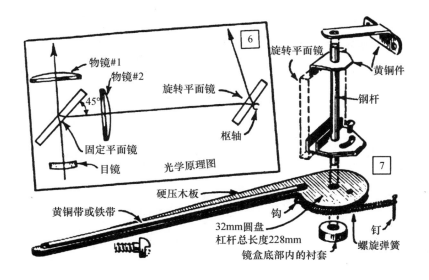

的多个物体，就很容易校准刻度，并将这些距离标记在指针相应位置的刻度上。作出一个纸刻度表后，可以把它复制到金属条上，或就用一片赛璐珞覆盖纸刻度表。人造革皮将贴在镜盒的外表面，还可以在底部装一个螺母，便于把测距仪安装在三脚架上。

· 简易六分仪 ·

测量任何地点纬度的六分仪很容易制作。建议使用厚25毫米、宽150毫米、长300毫米的木板制作此仪器；当然，其他尺寸也能用。使用时要保证线AB与瞄准点C和D的水平线成完美的直角。若木板的上边沿很直时也能直接用，但最好还是用瞄准点。如果用瞄准点，在上边沿挖一个瞄准槽。用白铁皮做一个V形件，固定在槽的一端，另一端钉入一根小尖头钉。做这些工作时，要保证V形槽底与钉尖头在同一水平线上，使得图中的线AB与瞄准点之间的连线成完美直角。在木板上边沿的侧面钉入一颗大头钉，其上系牢一根线，在线的下端挂一重物，它应能在木板下边沿的下方摆动。

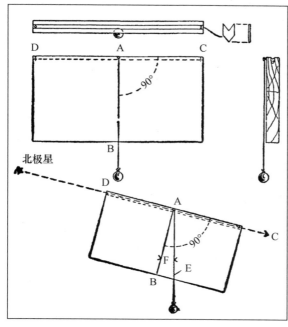

六分仪的主体部分是带铅垂线的木板。

该仪器放置的方法是瞄准北极星（见图），并在木板下边沿上标出线E静止的位置。然后从A到标记点处画一条直线，用量

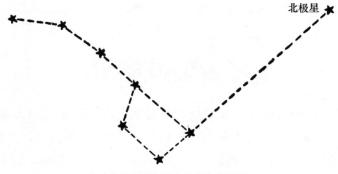

北斗七星末端两星连线指向北极星。

角器测量角F。这个角度近似等于该地的纬度。

　　根据北极星与北斗七星的相对位置关系（见图示），很容易找到它。

·　赤道仪的制作　·

　　能使用几种工具的人制作此星星探测仪是很容易的，因为所有部件均是木制的，唯一需要的车工活是在极轴B上的转动轴肩（这可以修整并用砂纸打磨，直到真正能用）。基座是127毫米宽、229毫米长的木板，每一角配装一个普通木螺钉用来调水平。加工两块角度等于所在地余纬度的侧板，把它们钉在基座上，另一块标有小时圈的木板在它们上面固定（如图示）。极轴B的一端安装在时间圈中心处钻的孔内，B具有用轴肩转动的端头。极轴B用木套圈及下面的针固紧。极轴的上端装配一个直径140毫米、厚6.4毫米的圆板。细分到度的薄罗盘卡片固定在此圆盘的边上用作赤纬圈。小时圈是类似卡片的一半，标记分度为20分。指针与极轴底固定。用小螺栓把305毫米长的瞄准指示器固定在赤纬圈的中心处。在指示器中开一个小洞，在其中插入一根普通的针。调节此针使指示器在设置的赤纬度，设置后，用螺栓把指示器夹牢在中心处。孔为6.4毫米的黄铜管固定在指示器上。

首先要做的是得到正确的N和S子午线标记。用好罗盘能近似地得到，并作出你所在地的磁偏角容差。取一块石板或其他结实的平坦表面，使其水平并面向正南方固定，通过中心画一条线，再把赤道仪置于此表面上，XII位于该线的南端。然后将指针D设定到目标（例如，观察日期的金星）的磁偏角。现在你想知道，在观察时刻该星体是在你的子午线东边还是西边。下述计算说明如何发现这一点。为了用赤道仪发现天体：在1881年5月21日上午9点10分发现金星，从时钟显示的时间减去

自制赤道仪。

	小时	分	秒
9时10分显示标准恒星时……	1	0	0
加12小时………………	12	0	0
	13	0	0
金星的赤经……………	2	10	0
时间圈设置到子午线前……	10	50	0

	又 小时	分	秒
在1小时30分标准时钟 显示……………	5	20	0 恒星时
金星的赤经……………	2	10	0
时间圈设置到…………	3	10	0 下午

在天空中发现行星是很容易的。

金星的赤经，如表所示。

在图书馆可以找到记载大多数天体赤经和赤纬的书籍。前表是假定你有调整到恒星时间的时钟，不过，这不是绝对必须的。若你能获得观察日的行星赤纬和它在正南方时的赤经，你只要用针尖设定指针D，同时注意金星是否通过你的子午线并设定你的小时指针。即使阳光明亮时探测金星也不困难，因为用肉眼就能看到它。

· 日晷的科学原理 ·

实际制作日晷并不复杂，几乎任何能经受暴露于自然环境中的材料都可采用。刻度盘可用铜或漆布做成，安装在木头、钢或水泥基座上，或垂直安装在墙上。如果你愿意，可在墙上直接用漆刷出垂直刻度盘，或者把一个水平刻度盘压印在未干的水泥上，布置在镶嵌图案中或置于花丛中。这样，你所用的材料、设计及尺寸就几乎没有限制。

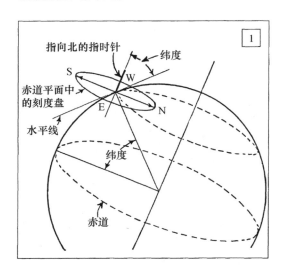

制作日晷最重要的因素是设计刻度盘本身。这随你家庭所在地的特定纬度及经度而变化。你要在刻度盘中加入必要的校正，使其读数尽可能接近当地时间。

指向北的指时针
S
W
纬度
赤道平面中的刻度盘
E
N
水平线
纬度
赤道

1

实际选择和设计日晷前，最好能了解日晷的工作原理。用赤道晷来解释最好，之所以称为赤道晷是因为刻度板与地球赤道在同一平面。这是最简单的一种晷，它是所有其他晷的基础。日晷指针是把阴影投射到赤道晷板上的细杆，它的工作方式与在北极的旗杆是一样的。随着地球自转，夏天太阳投射的旗杆阴影每24小时经过一整圈。由于一圈是360度，一圈的每15度就相当于1小时。赤道晷很容易制作，细节见图3所示。但是，它有一个缺点，只能从3月到9月在北半球提供时间。水平和斜立式的日晷比较复杂一些，但它们能全年提供时间。

精确预报时间必须进行两个校正。一是按天校正实际一天的长度与法定时间一天24小时的差异。这种差异最大有16分钟，如表所示。若你愿意，可以将这校正表插入赤道晷中。

第二个校正是使当地正午时间与根据标准时确定的正午

日期		分	日期		分
1月	1-6	+4	8月	1-4	+8
	7-16	+8		5-25	+4
	17-31	+12		26-31	0
2月	1-29	+14	9月	1-7	0
				8-18	-4
3月	1-11	+12		19-30	-8
	12-25	+8	10月	1-14	-12
	26-31	+4		15-31	-16
			11月	1-21	-16
4月	1-7	+4		22-30	-12
	8-25	0	12月	1-3	-12
	26-30	-4		4-12	-8
5月	1-31	-4		13-21	-4
				22-28	0
6月	1-3	-4		29-31	+4
	4-23	0	从日晷的读数加（或减）分钟数就得到民用时		
	24-30	+4			
7月	1-16	+4			
	17-31	+8			

日校正表

时间一致，正午时间是指太阳在正南方且在空中最高位置处的时间。当你考虑到标准时是基于该时区中央子午线处的太阳（或当地）时间时，这种校正的必要性就非常明显了。所以，只要你不是正好住在子午线上，若住在子午线西，晷上显示的太阳时间就比标准时慢；若住在子午线东，晷上显示的太阳时间就快。为了补偿时差，在地图上找出离你最近的半经度（30分）位置。然后确定你的经度与你的标准时子午线经度之差。每差1度等于4分钟时间的差异。这样，若你在时间子午线以西3度，就要在晷时间上加12分钟得到标准时间。若你在子午线东同样距离，则要减12分钟。

这个校正全年都一样，可以固定加入日晷中。

如果在美国，你的时区由下列子午线确定：东部标准时，西经75度；中部标准时，西经90度；山区标准时，西经105度；太平洋标准时，西经120度[①]。

图2说明了找到作为日晷基础的当地正午线的最简单方法。首先按前面所述的方法求得对标准时间的校正值，用表检查找到每日校正值。然后精确地调整你的手表时间，使其与标准时间一致。下一步就是在你打算安装日晷的位置安装一块木板和自由悬挂的铅锤线（图2）。当你手表上的时间是正午加（或减）两个校正值时，铅垂线投射到木板上的阴影指示的就是当地正午线。请注意图2中的示例。

图3详细地说明了赤道日晷的设计和结构。在该图上方，首先确定正午线，从正午线的两侧每隔15度画出小时线。又把每小时按15分钟分段，每段再以5分钟划分。若能使安装在托板上的晷板稍稍旋转，日校正刻度可以标记在晷面的外侧，每天调正晷板以加入校正值。日校正刻度以4分钟间隔划分，最大加（或减）16分钟。

虽然日晷直径可以是任意大小，但184毫米的直径用起来比较方便。它使小时分段长约24毫米，有利于分钟刻度的标记。日晷指针应是直长细杆，最好是黄铜或铝材，垂直安装在日晷中心处。

你用来找到当地正午线的水平板可以用作日晷的基板，

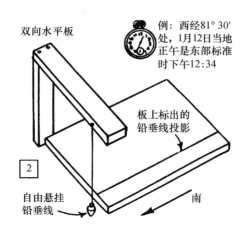

双向水平板

例：西经81°30′处，1月12日当地正午是东部标准时下午12:34

板上标出的铅垂线投影

2

自由悬挂铅垂线

南

---

① 指美国的4个时区——译注

或者用质地更好的材料制造基
板。必须小心地安放和标记，保
证它在两个方向是水平的，保证当
地正午线的位置是正确的。如图3
下方所示，日晷上的正午线应对准
当地正午线，指时针指向北方。
日晷板与水平基板间的角度应为90
度减去纬度（图4）。这种安排使
指时针以与水平面成一角度指向北

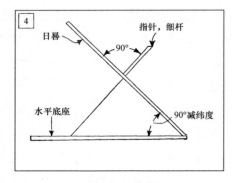

赤道日晷的截面图

方，此角度就等于纬度。注意，这与图1是对应的。如果仔细地安装并正
确地校正，日晷给出的时间误差范围约是±2分钟。

在各种能全年报时的日晷中，水平日晷使用最普遍，在公园的中心
位置常常可以看到它安装在一个水泥柱的顶部。设计安装在外墙表面有
点类似的日晷称为垂直斜晷。

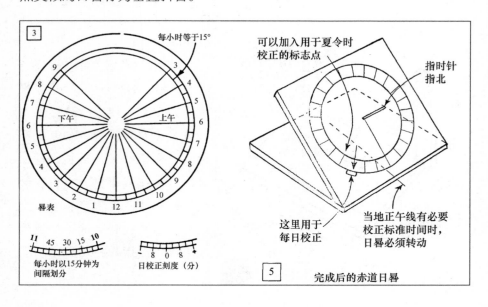

完成后的赤道日晷

图6详细地描述了水平晷的设计，不管日晷板的形状是圆形的、方形的、六角形的或其他任何几何形状，采用的设计布置都是一样的。安装在水泥柱上的常用圆形设计示于右边的照片中。

注意，在图6中小时线的设计涉及两个关键尺寸——线A和线B的长度。第一步是决定线A的长度，根据你想做的日晷的大小来确定。然后，在详图A中，用线A做直径刻画一个半圆。从半圆的一端画出一条垂直于基线A的直线。再用纬度作为与垂直线的夹角画一条直线B。测量

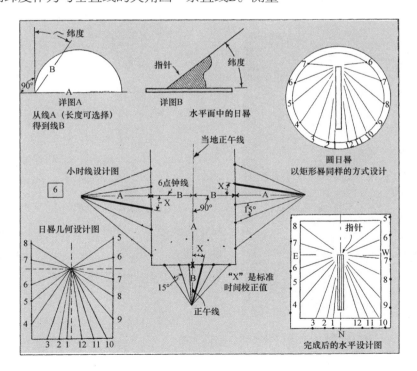

纬度

B

90°

A

详图A
从线A（长度可选择）
得到线B

指针   纬度

详图B
水平面中的日晷

圆日晷
以矩形晷同样的方式设计

小时线设计图

当地正午线

6点钟线
B   B
A   X   X
90°   15°

6

日晷几何设计图

X

"X"是标准
时间校正值

15°
B

正午线

指针

E   W

N

完成后的水平设计图

从原点到B线与半圆弧相交点的长度以确定线B的长度。

在小时线的设计上，线A成为当地正午线的一部分。从线A的上端，成直角在每一侧画出线B。线BB形成6点钟线。用线BB的两端和线A的下端作为参考点画出垂直于线BB或线A的矩形的三边（见图示）。把线BB的两端延长一段等于线A的距离，从而在矩形两边各有一点用以设计小时线。再把垂直线A的下端延长一段等于线B的距离，用以在矩形底部设计小时线。

应该在设计的这一阶段将标准时校正加入水平日晷。正午线及两条6点钟线均要按详图中那样移动X角度。角X等于在你所在地区对标准时校正必需的度数，如前所述。图6的例子中，日晷的位置在子午线以西，所以要加时间。若日晷的位置在子午线以东，就要在相反方向做X校正。

然后，用重新定位的正午线和6点钟线作为基线，以15度间隔画线。在矩形各边与这些线相交处做标记。从线A的上端（线BB在此点与线A相交）到矩形边的标记处画线。这些线就成为小时线，如日晷几何图形表示的那样。

详图B是日晷指针的截面图，其与水平面的角度等于纬度。指针角的顶点指向南方，或指向详图中所示的设计的顶部，即位于线A和线BB的相交处。指针的材料要薄，应仔细地将其上边缘的两侧切成斜角，以便能投射精确的阴影。做好的指针要直接安装在当地正午线上方。

斜立式日晷是设计用于安装在面向南方的墙上的。倾角是墙与正南方的偏

此斜立式日晷向东倾斜几度，所以日晷指针基座落入晨时。

离角。若完全没有倾角，即墙是直面正南方的，此日晷的设计方法与水平日晷几乎相同。两者唯一差别是确定线B时纬度度数的用法（见图8中详图A）。

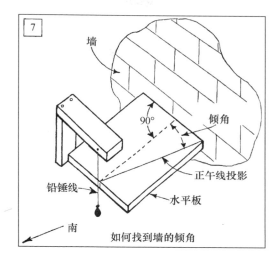

制作斜立式日晷首先必须知道倾角。做法如图7所示，取水平木板和投射正午线的铅垂线。用图2中的同样方法发现正午线，不同的是，此时木板是靠着墙安装的，不是面向正南。正午时铅垂线阴影投射到板上时，画出正午线，再画一条线与墙成直角且在木板的外沿处与正午线相交。正午线与此垂直线的夹角就是倾角。

图8上方的详图中描述了设计斜立式日晷必需的各种线的长度。从详图A至E顺次操作便可确定设计图所需的线长及指针的角度。再次强调，线A的长度是可以选择的，它决定了日晷的大小。首先把线A设计为选定的长度，再以它为直径画一个半圆。然后如详图A中指示的那样画出线B。测量B的长度后，以它做直径画出另一个半圆。此时，利用倾角求得线C的长度（见详图B）。为求得线D的长度，采用以线A做底边的半圆，在底边的一端画一条垂直线。然后用倾角求得线D的长度（见详图C）。详图D说明如何用线A作为直角三角形的底边，用纬度作为已知角，确定线E的长度。

根据线A及线C确定指针角度（详图E），按详图F制造指针本体。指针长度是可以选择的。指针底部沿着线E安装，使得指针角顶点在点F处（线E，点F见图9）。

各线长度确定后，作出如图9的设计图。采用的设计步骤与设计水平日晷大体相同。要注意，与线E的下端成直角画出线D，据此确定正午线的位置。对于向西倾斜的日晷，线D画在线E的左边。若日晷向东倾斜，当它安装在图6中的墙上时，线D要加到线E的右边。

把线E延长到矩形下面，这一段等于线C的长度。然后从线C的底端与正午线的一端画一条线。从此线开始以15度间隔设计从正午到下午5点的小时线。这时测量图中指出的角G，在设计图的左、右两边，与线A成角G确定上午6点线及下午6点

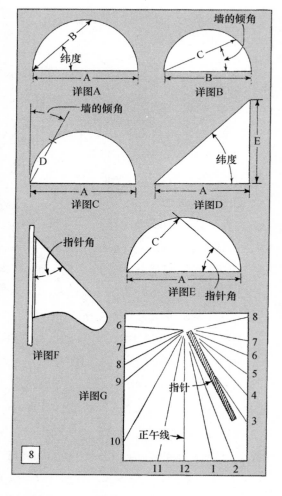

线。标准时间的校正也可在此时加入。用与图5小时线设计中同样的方法完成（角X），将所有时间线均调整后画向对应点F，设计图转换成将正午放在垂直位置。最后完成的设计示于图8中的详图G。

在墙上安装斜立式日晷时，最好用铅垂线确认正午线是垂直的。不管怎样，在安装日晷的过程中，你要保证不改变倾角。指针应垂直于日晷板面。

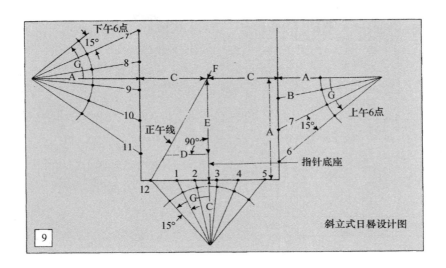

下午6点
15°
7
8
G
A C F C A
9
B
G
10
上午6点
正午线 E 7 15°
90°
D 6 指针底座
11
1 2 3 4 5
12
G C
15°
斜立式日晷设计图
9

· 如何设计日晷 ·

日晷是利用太阳的阴影测量
时间的仪器。在钟表发明前的古代
使用非常普遍。现在，它们更多地
是用于装饰而不是用来测量时间，
尽管建造正确时它们十分精确。日
晷的设计方案有好几种，这里描述
最流行的一种——水平日晷。它由
固定安装在坚固柱座上的圆表盘组
成，表盘上装有称为日晷指针的三

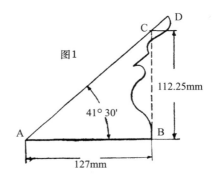

图1
D
C
112.25mm
41°30'
A B
127mm

角金属板（图1）。指针倾斜指向日晷的子午线^①，倾角等于日晷安装地
的纬度。从上午到下午，三角板边缘的阴影绕日晷的北面部分移动，这

① 日晷的子午线指当地的正午12点钟线。

纬度	高度	纬度	高度
25°	59	42°	114
26°	62	44°	123
27°	65	46°	132
28°	68	48°	141
30°	73	50°	151
32°	79	52°	163
34°	86	54°	175
36°	92	56°	188
38°	99	58°	203
40°	107	60°	220

表1　指针高度（毫米）在底边为127毫米时，与不同纬度的对应关系。

样就大致指出一天的小时时间。

由于指针与水平面的夹角总是等于当地的纬度，它可按以下方法设计：见图1，画一条127毫米长的直线AB，在一端作垂线BC，其高度从表1中取得。对于某一给定的纬度（例如41° 30'），可能需要内插得到。从表1中查到，纬度42° 是114毫米；下一个最小的纬度40° 是107毫米。它们差2° 相当7毫米，1° 就是3.5毫米。30'是1° 的1/2，对应1.75毫米。全都加入后者（40° 对应的高度），我们有107+3.5+1.75毫米=112.25毫米，作为纬度41° 30'时线BC的高度。如果你有自然函数表，线BC（或指针）高度就等于底边（这里是127毫米）乘纬度的正切。画直线AD，对于给定纬度，角BAD是指针的正确角度。若指针用金属制作，其厚度可为3.2到6.4毫米。若用石材制作，则要25毫米或50毫米，或更厚，视日晷的大小而定。通常，为了外观简洁漂亮，指针背面镂空。投射阴影的上边沿必须尖而直，对于这种尺寸的日晷（直径254毫米），它们的长度应有190毫米左右。

设计小时线时，画两条平行线AB和CD（图2），它们代表底座的长度及厚度。分别以点A和C为中心画两个半径127毫米的半圆，分别与线AB及CD相交，交点将是12点钟的标记。通过点A和C的直线EF与底边或指针垂直并与半圆相交，给出了6点钟的点。标记为X的点用作日晷的中心。中间的小时线及半小时线可根据表2绘制，把它们置于12点钟点的右边或左边。对于表中没有的纬度，用得到指针高度的类似插入法获得。1/4小时和5分钟及10分钟分度可用眼来估计，或计算得到。

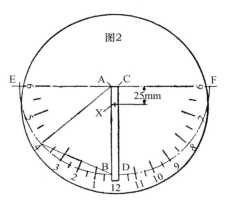

安放日晷时，必须小心地将它保持在良好的水平状态，指针与日晷面成直角，其斜边指向北极。考虑偏角后，普通的罗盘能帮助我们安装日晷，或者，将日晷尽量按人的判断接近南北，与设定在标准时间的钟表比较后安装。用表3的时差校正后，日晷时间与钟表时间应该一致。而标准时间和当地时间的差异，通过改变日晷的位置而消除。太阳时间与标准时间每年只有4次一致：4月16日、6月15日、9月2日和12月25日，在这些日子日晷无需校正。每月不同日子的校正值可从表3得到。"+"代表钟表比较快，"−"代表日晷时比太阳时快。还必须做另一个校正，对于每一个确定的地方它是常量。查明你的日晷

日晷表详图。

纬度	每日小时										
	12-30	1	1-30	2	2-30	3	3-30	4	4-30	5	5-30
	11-30	11	10-30	10	9-30	9	8-30	8	7-30	7	6-30
25°	7.1	14.2	22.1	30.2	39.9	50.5	63.2	79	98.3	122	151
30°	8.4	16.8	25.9	35.6	46.2	58.4	72.4	88.6	108	131	155
35°	9.7	19.3	29.5	40.4	52.3	65.3	80.3	96.8	116	136	158
40°	10.7	21.6	33	45	57.7	71.6	86.9	103	122	141	161
45°	11.7	23.9	36	49	62.5	77	92.5	109	126	144	162
50°	12.7	25.7	38.9	52.3	68.1	81.5	97	113	130	147	164
55°	13.7	27.4	41.4	55.6	70.4	85.6	101	117	133	149	165
60°	14.5	29	43.4	58.4	73.4	88.6	104	120	136	151	166

表2　直径为254毫米的圆日晷的弦。（单位：毫米）

离最近标准子午线以东或以西有多少经度度数，将其除以15，得到的答案就是时间的分秒校正值。若日晷在所选子午线以东，钟表比较慢；若在以西，钟表比较快。将这一校正值加以与表3中的值合并，当日晷在标准子午线以东时，每一值要减一些，在以西时，每一值要加一些。

指针及其基座可用水泥制作，安装在水泥柱上，该水泥柱有足够的基座安放在地面上，非常结实。制作者完全有机会在日晷设计中发挥自己的创造性。

每月日期	1	10	20	30
1月	+3	+7	+11	+13
2月	+14	+14	+14	
3月	+13	+11	+8	+5
4月	+4	+2	-1	-3
5月	-3	-4	-4	-3
6月	-3	-1	+1	+3
7月	+3	+5	+6	+6
8月	+6	+5	+3	+1
9月	+0	-3	-6	-10
10月	-10	-13	-15	-16
11月	-16	-16	-14	-11
12月	-11	-7	-3	+2

表3 太阳时转换为地方标准时的以分钟计量的校正表，标"+"为从日晷时间加，标"-"为减。

精美的逻辑推理

所有的技工都会进行数学计算。问一个技工，8乘9是多少，他能马上回答是72。但把数字稍微改变一下，比如说48乘49，情况可能就不一样了，他不能立即给出答案，而是要用笔或计算器计算。采用下述方法时，99乘99的答案与9乘9的答案一样可以马上给出。用此方法你能做的乘法远远超出你的预期。

在首次编号时，张开你的手，掌心对着身体，在大拇指及手指上假想标上如下的数字：大拇指，6；食指，7；中指，8；无名指，9；小指，10。如果你要做8乘9，把一只手的手指8与另一只手的手指9相对，如图所示。

两个对接的手指及所有在它们上方的手指（包括大拇指）称为上指，每个的数值是10；把这些10加在一起。所有在对接手指的下方手指称为下指，每个下指代表单元数值1。一只手上的单元数值之和与另一

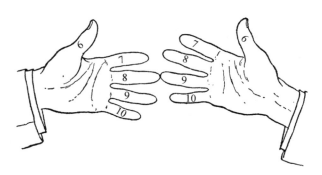

"8×9"

只手上的单元数值之和相乘得一数。全部的10与此数相加之和就是要求的乘积。即：参考图示或你的双手，我们看到左手上有3个10，右手上有4个10，总计是70。同时看到左手上有2个单元，右手上有1个单元。2乘1是2，70加2等于72，这就是8乘9的乘积。

假定数字是6乘6。把两个大拇指对在一起；上方没有手指，所以两个大拇指之和为20；大拇指下方每只手上是4单元，这就是16，20加16等于36，这就是6乘6的乘积。

假定要求10乘7。把左手的小指与右手的食指相对。你一看就知道有7个10，或70。在右手上有3个单元数值，左手则无。3乘0仍是0，70加0等于70。

在做10以上数字的乘法时，你的手指要进行第二次编号；大拇指，11；食指，12，依次类推。让我们来做12乘12。

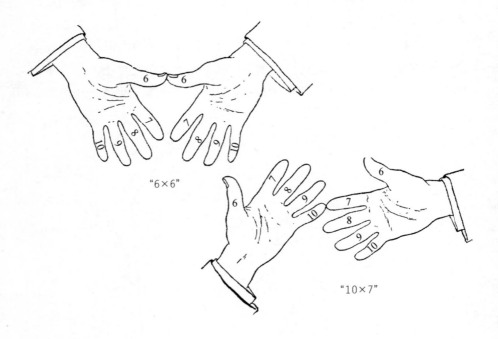

"6×6"

"10×7"

　　把代表12的指尖放在一起。你一看就知道有4个10。接下来我们不用情况1中说明的方法，不管单元数值（即下指）。再重新回到上指，把一只手的上指数与另一只手的上指数相乘，即2乘2等于4。40加4得到44。现在我们加100（因为10乘10以上的任何运算都将大于100），12乘12的乘积就为144。

　　加100是有随意性的，但因其简单，省时又不麻烦。但是，如果愿意的话，我们可以把上例中的4个上指当作4个20，为80，六个下指当作6个10，或60；然后回到上指，将右手上的2乘左手上的2得到4；由此，80加60加4等于144。总之，加和的规则是既迅速又简单。

　　当乘数大于15时，手指又要重新进行第三次编号，以大拇指为16开始，食指，17，依次类推。如前一样，把适当的指尖相对，上指代表数值20。像第一次编号那样进行并加200。以18乘18为例。

　　我们一看就知道6个20加左手上的2个1之和乘右手上的2个1之和再加200等于324。

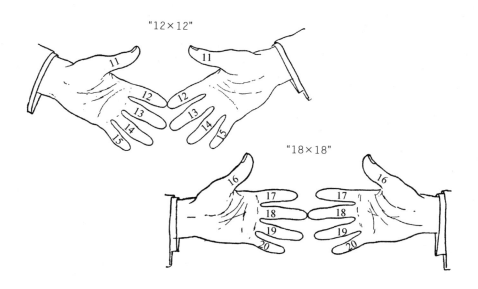

第四次编号时，大拇指，21，食指，22，依此类推。每个上指代表的数值是20。像第二次编号那样进行，加400而不是100。

大于25乘25时，每一个上指代表数值30，像第三次编号那样进行后，加600而不是200。

这种运算体系可以运用到你愿意到达的任何高度，不过必须记住，对于以1、2、3、4、5结尾的数字要像第二次编号时那样进行。对于以6、7、8、9、10结尾的数字，则用第三次编号时的方法。

确定了采用哪种编号方法后，要确定上指代表的数值是10、20、30、40或其他任何值。例如，对于45和55之间的任何两位数，上指的数值是50，这是它们之间的中值。82乘84时，上指的数值是80（75和85之间的中值）。

只要记住用的是何种编号方法（第二或第三）、上指的数值及最后要加入的那个数（如第二次编号时最后要加200），你就能以你以前想都想不到的速度更准确地做乘法。

· 数字之谜 ·

要求把从1到9的全部数字排成两行，每行都包含全部数字，并使其和与差都有从1到9的全部9个数字。此题有多种解法，其中之一如下：

$$3\ 7\ 1\ 2\ 9\ 4\ 5\ 6\ 8$$
$$2\ 1\ 6\ 3\ 9\ 7\ 8\ 4\ 5$$

上述数的和以及差（用上一行减去下一行时）均是9位数，且含有从1到9的全部数字。

几何学问题

· 角度的三等分 ·

对任何关心几何的人来说，令其困惑难解的一个问题是，如何用几何作图法三等分任意给定的角度。一些颇有才华的数学家宣称解这个问题是不可能的。当然，可以用多次尝试法近似地三等分一个角度。得到的结果对于实际应用也已足够精确，但到目前为止，还没有能用几何作图展示的直接方法。

· 似乎增加了一个方格面积 ·

图中说明了如何剪切一个有64个小方格正方形后，形成有65个小方格组成的矩形。用同一方法可以增加任意正方形的面积：将它分为如棋盘那样的64个小方格，按图中所示的粗线剪切。再拼成矩形，结果从64个小方格得到了65个小方格。多出的这个方格是从哪里来的呢？

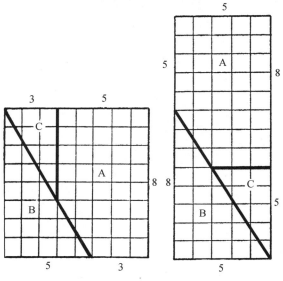

64方格剪切后重新排列成65个方格。

第三章 电学

动态的静电

为了自娱自乐，有的孩子把脚在合成纤维地毯上滑来滑去，然后将其手指触向同伴的皮肤，传出意外的快速一击，此时，他就已经运用了静电原理。按照定义，静电原则上是对绝缘体或别的无生命物体"充电"。我们可用聚会时的一个小戏法说明这一点。你知道橡皮气球是不导电的——这就是为什么橡皮用来作为绝缘体。如果你用力地将同一气球与墙壁摩擦，就能用静电的拉力把气球"粘"在墙上。可是，电从哪里来的呢？

其实道理很简单。大家知道，每件东西都是由称为原子的极小粒子组成。原子有一定数量绕其转动的电子。橡皮一类绝缘体的原子紧紧保持住它们的电子，直至你用摩擦迫使它们离开。当电子数量不平衡时，材料就稍稍"带电"，就会把绝缘体拉向惰性材料或无电荷材料（为保证正粒子和电子数量平衡）。这电荷不会像电流那样流动。它停留在带电物体上，从这个意义上讲，是"静止"的。

了解带电材料如何从不带电材料中拉出电子的另一途径是用羊毛衫（或羊毛裤）及毛刷。将刷子毛对着羊毛衫用力刷多次。然后把刷子靠近你的头发，同时看镜子。多有趣的景象！你的头发跟着刷子立起来了，因为头发的电子被不平衡的带电刷子毛表面所吸引。

· 做一个静电起电机 ·

其上粘有许多扇形片的旋转玻璃板能产生静电，这些扇形片经由中和刷把电荷分送到与放电杆连接的集电梳上。选来做起电板的玻璃必须是无瑕疵的透明玻璃，没有皱纹，厚度均匀。做这一机器需要两块玻璃板，所用的玻璃尺寸要足够大，能切割出直径为406毫米的板。

准确地在每块板的中心钻一个孔，切割圆盘前就应钻好这个孔。制作此孔的最佳途径之一是用非常硬的淬火钻头钻玻璃。钻孔时，其切割的边缘用两份松节油和一份无硫油保持湿润。孔的直径为19毫米。然后在每块玻璃板上标圆周记号，用玻璃刀切割。在安装玻璃圆板后，用金刚砂轮靠近圆板的边缘，同时转动圆板，把它们准确地装到位。做此事时要在边缘加水。

扇形片从锡箔剪得，一头宽38毫米，另一头宽19毫米，长102毫米。在玻璃板的两侧涂一薄层虫胶清漆，16个扇形片放在每块玻璃板的外侧，如图1所示。分度可以标记在玻璃板的另一侧，画一个圆引导把扇形片以正确的间隔放置。

扇形片应平放在玻璃上，全部都要捋平，使得圆盘旋转时它们不会在其位置处被撕开。当锡箔片就位时，虫胶应有粘性。如图2所示，集电器由6.4毫米的铜线制成，两个端头各焊有一个黄铜球。分叉部分长152毫米，柄长102毫米。叉中钻孔，插入细针并焊住。这些针必须足够长能非常靠近扇形片，同时又不能太近，要保证圆盘转动时它们不会将圆盘划伤。

起电机的框架可用任意成品木料制成，部分尺寸见图3。图中没标出的底座侧边长610毫米，立柱宽76毫米。图3中CC两件用结实的细纹木材制成，车削加工成图示的形状，一端靠在玻璃板上，直径102毫

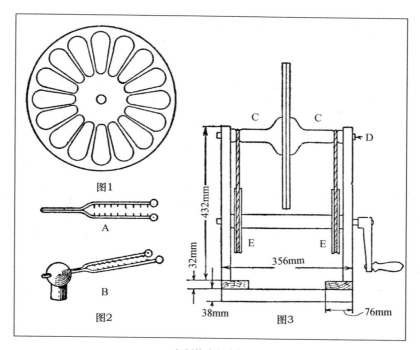

图1

A

B

图2

图3

自制静电起电机。

米；外端直径38毫米，有一条用于环形皮带的槽。在车削CC两件前，穿过每件的中心钻一孔，此孔的大小要刚好容纳内径为19毫米的黄铜管。车好的部件胶粘在玻璃板中心孔上，粘在固定扇形片的同一侧。胶的固结需要几小时。然后将纤维垫圈放进玻璃板和穿过孔放置的黄铜管轴之间。玻璃板、加工好的木部件以及黄铜轴在一根固定轴D上转动。

直径178毫米、厚22毫米的驱动轮EE固定在用扫帚把加工而成的圆轴上。在此木轴中心钻孔和一金属杆适配，该金属杆穿过木轴和立柱，在一端头固定一个可转动的手把。

直径25毫米、长度为380毫米的两个实心玻璃杆GG（图4）装在框架端板内钻出的孔中。两件25毫米的铜管和放电杆RR焊进两个直径为50或64毫米的中空铜球内。集电器的柄装入这些铜球中并将端头伸出，伸出处装绝缘手把。在放电杆的上端焊铜球，一个是直径50毫米的铜球，另一个是直径19毫米的铜球。

铜帽紧装在固定轴D的两端，穿过其直径钻孔，使弯成如图形状的硬铜杆KK能进入。这些杆的端头焊上装

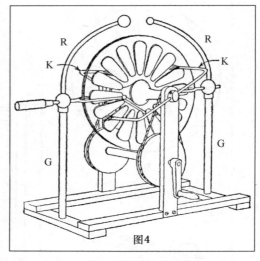

图4

装配后的静电起电机。

饰用金属丝或软电线中的细导线。调整刷子到合适的位置，再在铜帽中装上螺钉固定。这些铜杆及刷子组成中和器。做少许实验就能使我们把中和器置于得到最好结果的合适位置。

· 静电照明 ·

任何用过静电起电器的人都能做下面的实验，结果令人惊异。普通的平底玻璃酒杯放在一个旋转平台上，用虫胶清漆把窄条锡箔固定在玻璃表面，方法如下：在紧靠玻璃杯底部、从酒杯柄下的一点开始，取其到底部边缘；再在杯底边缘后约25毫米处粘锡箔条，以弧线跨过杯底座，登上酒杯柄。然后，它绕酒杯蜿蜒通过到达杯的边沿，再向下延伸到约1/3边沿周长处。然后在杯的内表面往下，于底部结束。玻璃杯外

表面的锡箔用刀以3.2毫米间隔分切，玻璃杯内表面及下面部分则不分切。这样，电流就从静电起电器流向两个接线端，一个接线端连接锡箔条的一端，另一个接线端与锡箔条另一端连接。一旦电流引入此装置，每一被刀切去锡箔的地方就会看到火花。若旋转酒杯，就会出现图中所示的效果。在锡箔中刻一些比其他缝隙大一些的缝隙，此时在这些点会产生较大电火花，从而得到各种小而奇异的效果。此实验应在暗室内进行，在这种什么都看不见（即使玻璃杯也看不见）的环境下，效果是非常震撼的。

电学基础知识

· 如何制作跳火线圈 ·

感应线圈也许是电学实验室中使用最普遍的装置，它使用非常普遍是因为它用在实验性无线电报中。曾经是科学奇迹的电报，现在是学生，也是成千上万成长中孩子的玩物。

抛开几乎所有的技术术语，可以把感应线圈大体上描述为一个小容量的组装变压器。它包含一个铁芯，该铁芯由圆柱形的一束切割到合适长度的软铁丝组成。用No.14 或No.16电磁线均匀地在此铁芯上绕两层或更多层，线的两端连接到电源上时，这束铁丝就被磁化。

如果在这电磁铁上方滑动一根纸管，纸管上有规律地绕了许多连续的No.36电磁线，我们将发现，由通电的铁芯发出的磁力线穿透新线包，好像它本身只是周围空气的一部分。而当迅速断开电池电流时，就有电流在第二个线圈或次级线圈中产生。

感应线圈的各个部分均有成品可买，首先要做的事是想清楚什么东西业余技工能做，什么东西最好是买现成的。如果制造者在绕制线圈方面没有经验，最好花钱买现成的次级线圈。因为，绕1600米或更长的细导线是很困难又费时的，而且结果常常不能令人满意。订购次级线圈时，必须指明所需的火花长度。

下述制作25毫米线圈的方法说明了这个工作的一般细节。同样的方法和电路可用于比它小或比它大的线圈。现成的次级线圈是圆柱形，长152毫米，直径67毫米，穿过线圈有个直径32毫米的孔，见图1。次级线圈经得起很多操作处理而不用担心损坏，在初级线圈完成前也不必放入盒中。初级线圈是用精密退火的No.24铁丝制成，铁丝长度根据制造

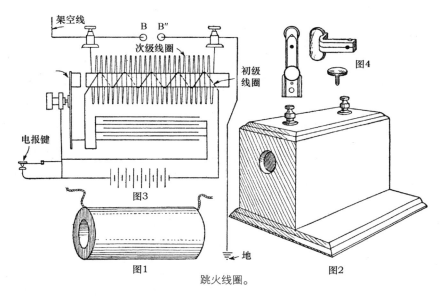

架空线
B B″
次级线圈
初级线圈
电报键
图3
图1
地
图4
图2
跳火线圈。

者的意愿可为178毫米或203毫米，捆成直径为22毫米的一束。捆绑成束前，在两块硬木板之间一次滚压2或3根铁丝，使其变直。若业余制作者难以得到这种铁丝，整个铁芯可买现成的。

铁芯铁丝捆成一束后，用1层或2层马尼拉纸①把铁芯包起来。铁丝越直，铁芯结构中的铁就越多，就越有利。距一端13毫米处开始，用No.16纱包电磁线均匀地从一端绕向另一端，然后返回，绕两层。线的两头用细绳绑在铁芯上。然后把铁芯及初级线圈浸入沸腾的石蜡中，在此石蜡中已加入了少量树脂及蜂蜡。这种蜡以后还可用来将整个线圈封入盒中。现在在这个初级线圈上包一层绝缘胶带，或同等厚度的用虫胶清漆很好处理过的平纹细布。

如果次级线圈买来时没有盒子，就用红木或橡木做一个盒子，其大小要足以能容纳次级线圈，且在周围留25毫米的空间，还要留出放小电容器的空间。若不方便做，可花少量费用买一个像图2所示的盒子。在一

① 马尼拉纸是一种有时混入亚麻及马尼拉麻由未漂木浆制成的强韧纸张。

端中央钻22毫米的孔，初级线圈铁芯穿过此孔向外突出3.2毫米。这铁芯用来以磁力吸引振动断续器的铁头，它对线圈有重大影响。这个断续器的形状如图4，固定在盒上，使得振子锤头在铁芯前方动作。在盒内对用来把振子部分固定到盒上的螺钉做一些焊接。电容用长1.83米、宽127毫米的4条薄纸和足够数量的锡箔制成。当锡箔剪切并放置在一连续长度上时，每片锡箔必须与毗邻的一张锡箔重叠13毫米，以便形成连续的电路。电容器成型时，底下放一条纸，然后放一片锡箔，再放两条纸和另一层锡箔，最后放第四条纸。接着把它折叠，从一头开始，每次弯152毫米左右。然后用纸带或胶带把电容器缠绕紧固，并放入纯石蜡中煮1小时，此后用重物将其压坚实。一张锡箔形成电容器的一极，与前一张绝缘的另一张锡箔形成另一极（这种电容器材料可外购，长条的，买来就可装配）。

接线图（图3）说明了连接方法。它适用于38毫米电火花以下的所有线圈。但对于较大的线圈，用独立断续器得到的结果更好，在这种情况下是用独立的磁铁中断电路。除了磁振子外，还有其他几种类型，例如，水银缓冲器和旋转换向器类型。不过，业余制作者只有在其工作中积累，对线圈的操作更有经验时才会逐步了解它们。

· 蓝色电光实验 ·

取一个跳火线圈并将其与电池连接，然后启动振子。再把一根外引线R连接到2烛光[1]电灯泡的一侧。一只手握住另一根外引线B，另一只手的所有手指压在灯泡的A点处。从灯丝就会发出明亮的蓝光到达灯

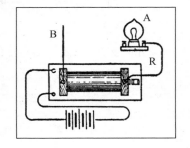

[1] 发光强度的旧单位。

泡表面，感觉不到任何电击。

· 一个有趣的电学实验 ·

做此实验必需的材料为：电话听筒、一些导线、碳复写纸以及弧光灯用的几支碳笔。

从一间屋里拉一根导线到另一屋内，将其连接在听筒的一个接线柱上。另一接线柱上再连接另一根导线，系在室内的水龙头上把它接地。若室内没有水龙头，可用一大块锌板把它接地。

将长导线的另一头与送话器的一个接线柱连接，送话器的另一个接线柱上也引一根导线接地。这里的接地应用大片碳板或用碳复写纸与弧光灯的若干碳笔紧紧绑在一起制成。

如果一个人对送话器讲话，另一个在听筒里就能听到他讲的话，而在线路中并没有电池。众所周知，以这种方式连接的两个电话听筒能在

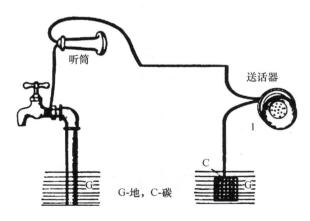

独一无二的电池。

两人之间传递话语，是因为送话器内振动膜的振动引起感应电流流动，另一个听筒则复制了这些振动。不过在这实验中，用的是不能产生感应电流的送话器。是不是碳和锌及潮湿的土壤组成电池呢？

· 自制弧光灯 ·

用No.16线重绕电铃磁铁，如图所示把它与两个电碳棒串联，有电流时，碳棒尖点之间将形成小电弧。图中，A是电铃磁铁、B是衔铁、C是碳棒座、D是碳棒、E是接线柱。用10—12节干电池连接时，此电弧灯发出的光十分明亮。

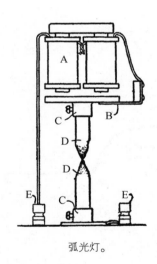

弧光灯。

· 用电书写 ·

把一张白纸浸在碘化钾水溶液中1分钟左右，然后放在一片金属

板上。将金属板连接到电池的负极，然后用与正极相连的导线做笔，在湿纸上书写你的名字或其他文字，在白底上将出现褐色线条。

· 用电引爆火药 ·

在50毫米见方的木块中央钻25毫米的孔。两根精加工的钉子钉入其中。它们与感应线圈的端点连接。一切准备好后，把火药粉倒入孔中，将一块板盖在木块上并用石头压住。按下开关或用其他方法接通电路时，产生放电。钉子尖必须光亮清洁，它们之间的距离应恰好足以产生良好的强火花，从而点燃火药。

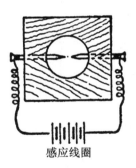

感应线圈

· 如何制作小型变阻器 ·

在开动小马达时，一般没有调节其速度的手段。这常常是很大的一个缺点，特别是对于玩具马达，如用在电动火车上的小马达。有人用特定开关改变电池节数来调节速度，但此时电池没有等量使用，一些电池在其他电池还没有明显减退前就已耗尽了。或者，采用在次级线圈上有许多分接头的小型变压器，就能改变连接在马达两端的次级线圈圈数，改变加在马达上的电压，从而调节速度。

不过在这两种情况下，都没有办法平稳地逐步改变速度。采用与马达串联的小变阻器则可以实现这一点。变阻器在电路中的作用与阀门在水路中的作用是一样的。它由阻值很容易改变的电阻组成，置于连接马达和电源的电路中。图1是变阻器的电路图，其中A是马达的转子、B是励磁绕组①、C是变阻器、D是电源。当手柄所处位置使得在电路中的电阻最大时，通过马达、励磁绕组和转子的电流最小，因而马达的速度也最小。变阻器的电阻减小时，电流增加，马达速度就提高，变阻器电阻减少到零时，速度达到最大值。这种变阻器可以与特定开关F联合使用

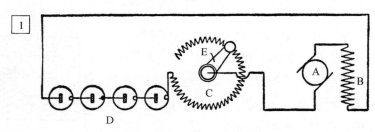

变阻器接入线路时，小马达的连线图。

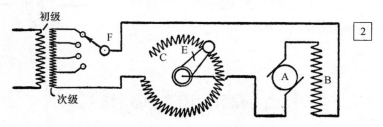

变阻器和开关接入线路时，小马达的连线图。

---

① 励磁绕组是可以产生磁场的线圈绕组。

（图2）。开关改变电压，变阻器则细调在电压改变而产生的速度之间所需的速度变化。

制作一个简单而又花钱不多的变阻器的方法如下：取一片1.6毫米厚、13毫米宽、约250毫米长的薄纤维板。将所有的边缘平滑后，在其上绕No.22纱包线。离一端约6.4毫米处开始绕，绕的各圈尽量靠近，绕到距另一头的6.4毫米处。线的端头穿过纤维板上钻的几个小孔固定，伸出76毫米或102毫米，与安装在变阻器基座上的接线柱连接。

然后，把薄纤维板平坦的一侧对着一个圆柱体，围绕它将此纤维板弯成环形。尽可能精确地确定这样形成的环的直径。取一块干燥处理良好的114毫米见方、13毫米厚的硬木。将此木块的四角及上边缘加工成圆角，在其上画两个直径分别为纤维板圆环内、外直径的圆。这些圆的中心应在木块的中心。小心地沿两个圆锯出一个圆环，使得锯出的空间与纤维环紧紧适配。取得第二块硬木，6.4毫米厚、120毫米见方，将其四角及上边缘加工成圆角。用几颗小木螺钉把上述木块安装在它的上面，这些螺钉从下面往上并装入埋头孔内。将纤维环放入槽内，此前要在基座中钻一个合适的孔用于导线的一头通过。两个背面连接的小接线柱安装在拐角处。其中一个与线圈的末端连接，另一个与基座中心的小螺栓连接，该螺栓用于固定变阻器的移动臂。这些连接线全部要置于刻在基座下面的槽中。

变阻器的移动臂用1.6毫米厚的黄铜片做成，其尺寸应为：长度50毫米；一头宽度13毫米、另一头宽度6.4毫米。取一个长约25毫米的直径为3.2毫米的黄铜螺栓及几个垫片。在黄铜片较宽的一头及木基座的中心钻一个容纳螺栓的孔。在基座中从下面打埋头孔直径13毫米，深6.4毫米。在黄铜片下面靠近其较窄一端，焊一薄黄铜弹簧片，使其自由端停靠在纤维环的上边缘。移动臂的上面安装一个小手柄。现在用螺栓把移动臂安装在基座上，在移动臂与基座的上表面之间放几个垫圈，使得它的外端抬升高于纤维环的边缘。在准备放在螺栓下端的螺母上焊一短黄铜薄片，在基座孔的埋头部分切出一个凹处容纳它。螺栓向下拧得足够紧时，可加一个锁定螺母，或将第一个螺母焊在螺栓末端。若可能，在基座与垫圈之间放1—2弹簧片垫圈。

现在用细砂纸从纤维环上边缘的导线上除去绝缘，使移动臂上面的弹簧片能与线圈接触。除了涂上一层虫胶清漆外，变阻器已完成了。完成的变阻器截面图示于图3。

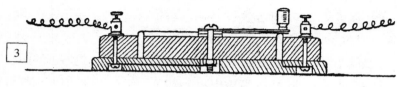

3

变阻器的截面图。

· 实验和测试用的小变阻器 ·

按图中所示制造的变阻器已经成功地用于校准大量电流计和功率计。这里建议的一个通用设计也能用于许多其他目的。给出的尺寸是用于在6伏电源下，得到1/2至5安培的电流变化。对于其他变化范围，尺寸可以按比例增加或减少。一块178毫米×241毫米的松木板用作基座。电阻线用No.16，不过，能承载最大电流而又不过分氧化的任何材料导线均可替代使用。钉子支撑电阻线，电阻线要焊在钉子上保证良好的电接触。软电缆线的引线如图示那样安排。把它们依次焊在第一个及最后一个钉子上。为了把电缆的自由端连接电阻线或钉子，在电缆端头焊接5安培测试夹。把测试夹颚上的齿锉掉，在每一颚上焊短黄铜线代替它们，如图所示。在每一黄铜线上锉一个V形小槽，使它们能紧紧抓住电阻线或钉子。

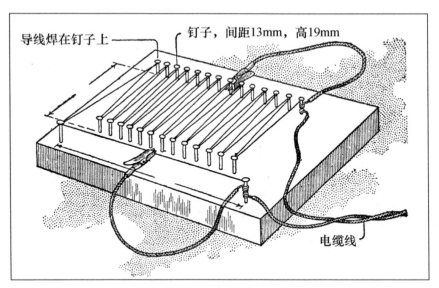

导线焊在钉子上

钉子，间距13mm，高19mm

电缆线

自制变阻器，用在6伏电路上，容量为0.5-5安培。

挂钩或陈列柜夹子在适当改造后也可替代市面上销售的测试夹。

　　用这个装置时，一个夹子沿前面两钉子之间移动，另一夹子夹住后排的一个钉子。前面的夹子沿电阻线移动用于电阻的精细调节，后面的夹子夹在不同的钉子上进行粗调。

· 低电流量用的碳变阻器 ·

　　想要对每一模块进行单独控制，但又感到这样做的安装成本超出其能力的模型铁路迷及其他一些初级实验者发现，这种变阻器正是他们需要的东西。在电学实验和其他情况下要处理非常小的电流时，使用它们也很方便。下面说明其中两类，下方详图中的一类比较简单，控制比较

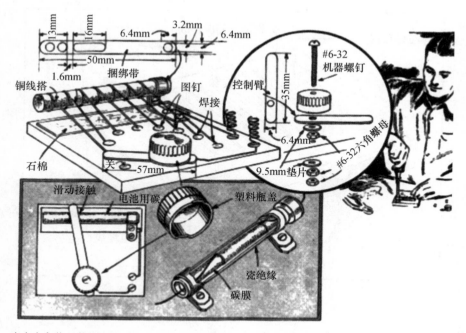

在盒中安装几个变阻器，盒内用防火泡沫材料或其他材料衬垫，旋钮突出在盒外。将这些变阻器与铁路模型中的各模块连线，你就可以不花任何费用进行遥控了。

平稳。它的缺点是，在经常调节控制的地方会很快磨损。两种变阻器的碳棒均来自闪光灯元件。下面一种，在一头用固定夹把碳棒安装在耐火基座上。滑动的黄铜或铜接触片在碳棒上滑动，用按圆圈中详图所示进行装配的把手控制它。把手是一个塑料瓶盖。上面一种的详图中，变阻器以同样方式安装，但它有若干引向图钉或螺钉的铜线分接头，调节时控制臂接触这些图钉或螺钉。这种方法避免了碳棒上的磨损，但控制有一点跳跃性，除非小心地安排图钉的位置，使得控制臂与前一图钉断开瞬间就与下一个接触。若碳棒用作永久固定的变阻器，最好将它们包在瓷管中，因为它们会发热。

· 电容器快速测试器 ·

把40微法的电解电容正极引线与旧圆珠笔的金属套管连接，负极引线与一端连有鳄鱼夹的一段导线连接，这样就制成了一个电容快速测试器。把电容包上绝缘胶布与圆珠笔管绝缘。使用测试器时，把鳄鱼夹接到收音机的机壳上，再用笔尖接触电容器的两个触点。若该收音机仍正常工作，电容器就是坏的。

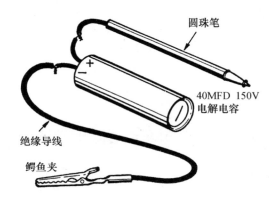

圆珠笔

40MFD 150V
电解电容

绝缘导线

鳄鱼夹

· 又一个有趣的电学实验 ·

任何一个有4~20伏电池的人都能做此实验。它之所以特别有趣是因为在同样条件下可以得到不同的结果。

把两片黄铜板浸入食盐和水的强溶液中。一片黄铜板连到电池正极，另一片连到负极，注意它们不要互相接触。

通电1或2分钟后，溶液就变色，若过程继续，色素将沉淀。沉淀物的颜色变化很大，可能是黄色、蓝色、橙色、绿色或棕色，取决于电流强度、溶液浓度和黄铜的组分。

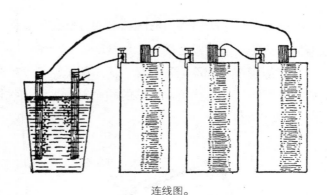

连线图。

· 用点火线圈确定电缆中的断点 ·

当电缆中的导线有一根断开时，常常可以把电缆一头的导线拧在一起，把另一头与振荡线圈（如在T形福特汽车上用的）连接，用这种方法发现断点。连接方法如图示。通过电缆的高压电流会在线的断点处起弧，加热绝缘体使其冒烟。

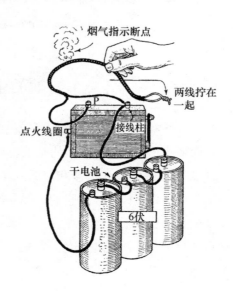

烟气指示断点

两线拧在一起

点火线圈

P

接线柱

干电池

6伏

· 如何制作电解式整流器 ·

市场上有多种把交流电变换为直流电的设备，但可能没有一个比电解式整流器更能适合业余爱好者的需求和经济能力。

构建这种整流器需要4个2升容量的果酱罐。每一罐中放两个电极，一个是铅、一个是铝。浸没的铝表面积应为100平方厘米，浸没的铅表面积应为155平方厘米。浸没的铅表面大于铝表面，所以必须把铅板折成如图1所示的波浪形。在图1及图2中，铅标注为L，铝标注为A。每一罐中注满的溶液成分如下：2升水、满满2大汤匙碳酸钠、满满3大汤匙明矾。要注意如图2那样连接。交流电从图示的导线上进来，从指定点处流出直流电。这个整流器的容量为3-5安培，对于给小蓄电池充电、开动小马达和点亮小灯泡已足够了。

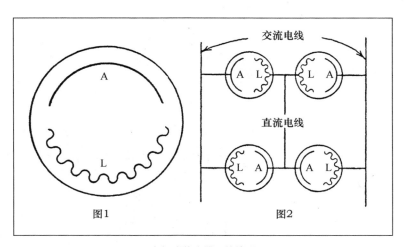

电解式整流器及接线图。

· 电动舞者 ·

图示的电动跳舞者是根据电铃的原理改造成的。机械舞者令人发笑的滑稽动作是用手控制的，图中的人体模型是用电磁铁操纵的。

机械装置放在盒中。它由带有软铁衔铁的电磁铁组成，衔铁附在弹簧上。磁铁的另一端与衔铁弹簧在L1处连接。弹簧在其另一头L2处弯成直角，并系带平台L3，平台下面用较小的圆盘加固。跳舞者在此平台上表演。接触弹簧S附着在衔铁弹簧上。一个接触螺钉C与弹簧S的接触程度可以通过调整螺钉C自身来完成。从接触螺钉C到接线柱B引一根导线，电池的另一根导线也与B连接。

电流使平台处于不断的振动中，从而引起跳舞者"跳舞"。用螺钉C可以改变电流的作用，"舞蹈动作"也随之改变。

设计的人像是用木制的，各关节的连接很松，人像悬挂时脚刚好触及平台。

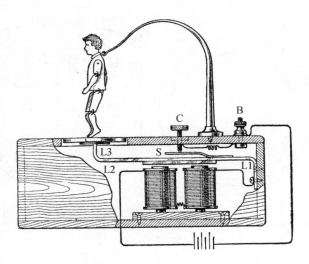

电路闭合时，人像就跳舞。

·用电铃线和铁芯做的电学实验·

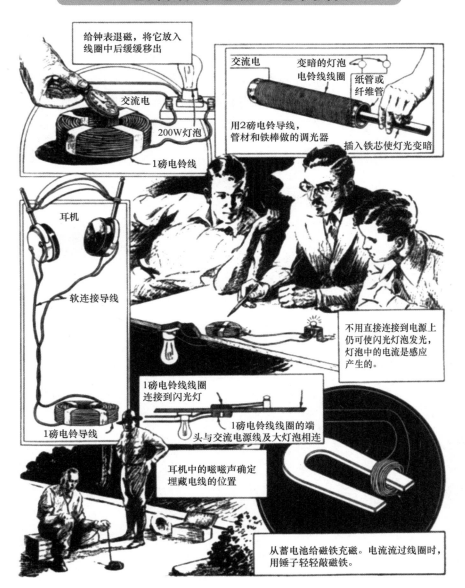

给钟表退磁，将它放入线圈中后缓缓移出

交流电

200W灯泡

1磅电铃线

交流电

变暗的灯泡
电铃线圈
纸管或纤维管

用2磅电铃导线，管材和铁棒做的调光器

插入铁芯使灯光变暗

耳机

软连接导线

1磅电铃导线

1磅电铃线线圈连接到闪光灯

1磅电铃线线圈的端头与交流电源线及大灯泡相连

不用直接连接到电源上仍可使闪光灯泡发光，灯泡中的电流是感应产生的。

耳机中的嗞嗞声确定埋藏电线的位置

从蓄电池给磁铁充磁。电流流过线圈时，用锤子轻轻敲磁铁。

· 防止干电池短路 ·

　　干电池在潮湿的地方或堆在一起时有可能互相接触而形成短路。为了防止这种短路，从旧自行车轮胎中取直径相当大的内胎1或2个。把它们剪成若干段，每段长度要比干电池长76毫米。然后将它套在电池上，连接线穿过内胎端头。用结实细绳把内胎的每一端头绑紧包住。在每一个电池上都这么做，你就不用担心潮湿天气对电池的影响，或电池在一起互相接触引起的短路。

测电仪器

· 如何制作检流计 ·

检测微小电流的检流计的组成如图所示：线圈A、充满水的玻璃管B、芯柱C以及带接线柱的基座D。芯柱由铁钉和软木塞组成，比水稍微轻一点，故通常停留在玻璃管的顶端。但是，只要电流通过线圈，芯柱就会下降，从视线中消失。所需的电流非常小，因为芯柱在水中处于临界的平衡状态，极小的吸引力都能使其下沉。

玻璃管可以是试管（图1），或空的显影剂管。若两者都没有，也可用空药瓶。线圈两头的衬垫可用纤维材料、硬橡皮或木材制成，或者从旧磁铁上取得。基座用木材或其他绝缘材料制造，底下有四个短支柱。用No.18左右的单包线制作线圈，然后按图1将两头与接线柱连接。

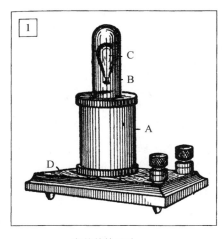

完整的检流计。

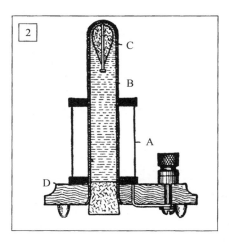

截面图。

把一根铁钉压入软木塞中构成芯柱。制成的芯柱放在水中时应能慢慢上升。为了使重量正好符合要求，必要时在其中加一些填充料，不过要记住，各部件装配后芯柱的浮力是可以调节的。在试管底部挤压软木塞会在水中引起压缩，迫使一些水进入软木塞上部，减少了它的排水量，使其下沉。然后软木塞通过变形慢慢反弹直到芯柱缓慢上升。

至此，该仪器已调好可以使用了。

将接线柱连接到单元电池上（任何类型的电池均可），产生微小电流。电路接通时，芯柱将下降。在电池的一根连线上装开关或按钮开关。如果按钮开关隐藏在操作人员可以触及到它而别人不容易发现的地方，这将是一台看起来有些神秘的仪器，芯柱将遵从其指令上升或下降，但却不容易看见操作人员在控制电流。

· 如何制作正切检流计 ·

取一块13毫米厚的木板，加工成外径267毫米、内径230毫米的圆环，再在每一侧用胶粘另一个6.4毫米厚、外径279毫米、内径与第一个圆环一样的圆环，这样在环的四周形成了6毫米的沟槽。若手边有车床，整个圆环可用整块木料制造，并用车床车出沟槽。加工另一个直径为279毫米的圆盘作为基座。在基座中央制作一个宽25毫米、长160毫米的孔，上面做的环应匹配插入此孔，使得其内表面刚好与基座板的上表面持平。如图示，用螺钉固定在基座上的小木条使环直立在孔中。使用的全部螺钉或角钉必须是黄铜制的。若用动力带锯，这些圆环件的加工并不困难。若没有动力带锯，这些圆环件也可用键孔锯加工。

将环安装到基座前，沟槽中应用No.16双纱包电磁线绕8圈。两端头用线绑在一起，暂时固定。

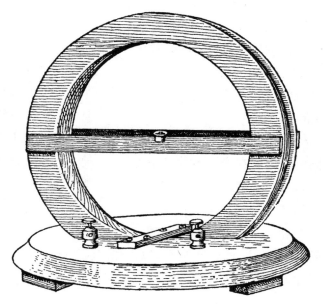

正切检流计。

横跨环的两侧固定两片6.4毫米宽、16毫米厚、279毫米长的木板，它们的上边沿精确地通过环的中心。普通小型罗盘（直径约32毫米）安装在这些木板中，使指针精确地在环的中心，其零点标记在两木板之间的中间点处。把环放在基座的适当位置上（如图示），再将线圈的两端连接到事先安在基座的两个接线柱上。整个表面刷一层褐色虫胶清漆。使用时，上述尺寸的偏差会使结果有误差。

使用时要把附近区域内的所有铁制或钢制物品，特别是磁铁移开。将检流计放在水平桌子上，转动它，直至指向南北并且自由摆动的指针精确地处于线圈平面内，如图所示。如果严格按照上述步骤进行制作，指针将指0。把一个电池与此仪器连接，使电流流过线圈。罗盘的指针就会偏向一侧或另一侧，最后以一定的角度停下来，假定为45度。此仪器的尺寸决定了，偏转角是45度时，流过环上线圈的电流是1/2安培。安培是用于表明电流强度的单位。其他角度对应的电流值见附表。

角度	电流
10°	0.088 amp.
20°	0.182 amp.
30°	0.289 amp.
40°	0.420 amp.
45°	0.500 amp.
50°	0.600 amp.
55°	0.715 amp.
60°	0.865 amp.
70°	1.375 amp.

作用于磁铁指针上的磁力在不同地方是不同的，因此在全国各地给出的电流值不是确定不变的。表中给出的值对于紧邻芝加哥的区域以及处于芝加哥州以东和俄亥俄河以北的美国那部分地区是正确的。对于俄亥俄河以南和密西西比州以东的地方，给出的值要乘1.3。

· 微小电荷检测器 ·

一个清洗干净的薄玻璃瓶用橡皮塞子塞住。在塞子中心钻一个足以使一根小黄铜杆穿过的洞。此铜杆的长度由瓶的形状决定，不过，90毫米就差不多。杆的下面折弯成钩形，两片铝箔粘在其上，每片宽6.4毫米、长12.7毫米。图2很好地显示出固定在黄铜杆上的两片铝箔。把抛光的黄铜球装在杆的顶端，该仪器就可以使用了。把一个待测试物体靠近铜球，若它带有少量电荷，两片铝箔将靠拢。若它不带电荷，铝箔就不动。

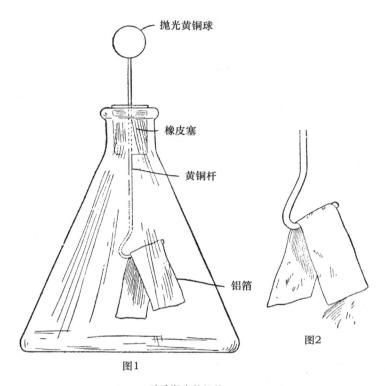

抛光黄铜球

橡皮塞

黄铜杆

铝箔

图1

图2

玻璃瓶中的铝箔。

· 怎样制作电流计 ·

　　每一个做电学实验的业余机械师都知道电流计的用途。为方便那些希望制造这一仪器的人，我们做出如下说明：此仪器的工作原理与检流计是一样的，不过，它的工作位置不局限于磁子午线。实现这一点是通过使指针在垂直平面中偏转，而不是在水平面中偏转。唯一必须做的是水平调节，拧图1中A处的翼形螺钉直至指针指到刻度盘上的0，水平调节就完成了。

　　首先制作图2的支架：把一片黄铜板弯成图示的形状，然后为螺钉

CC攻丝①。这些螺钉的端头是有凹口的，用来放支撑指针的枢轴。图3是铁芯，它长25.4毫米、宽6.4毫米、厚3.2毫米，在稍高于中心的位置钻一个孔H，通过此孔插入一段织毛衣针，其长度为图2所示的两个螺钉的间距。此小轴的两端要磨尖，在凹口内应转动自如，因为仪器的灵敏度取决于此轴转动的自如程度。

按图4把铁芯装配完成后，其一头应该挫掉一些使它成图示的姿态。指针（图5）用金属丝做成，虽然铜丝或钢丝均可，但最好是铝丝。取金属丝的长度为114毫米，距底端13毫米处打一个圈D。在短的一头焊一片黄铜E，其重量刚好能平衡指针的重量。把它套在枢轴上，再把整个部件放到支承的适当位置。若指针平衡正确，它应该处于图1所示的位置，若有偏差，则稍微锉一锉使它尽量接近平衡，以便可以用调节螺钉校正。

再制作一个如图6所示的黄铜框架。用黄铜较好，因为在电磁铁四

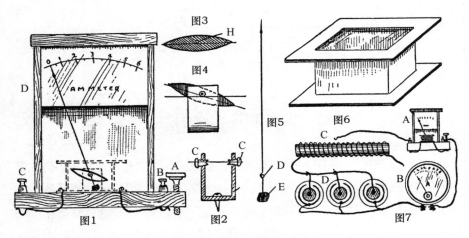

完整的电流计及各部件细节。

———————————
① 攻丝是指在工件孔中削出内螺纹。

周的导体中会引起涡流，从而抑制磁铁的振动（当电流流过仪器时，铁芯就磁化），但也可用木头制作。电磁线绕在黄铜框架上，其尺寸取决于要测量的安培数。用No.14线绕两层，每层10圈，这样大体上可以满足普通的实验要求。线的两头固定在接线柱B和C（图1）。

　　然后做一个木盒子D，前面装玻璃。一张纸贴在木片上，然后将木片固定在盒内，其位置使得指针停留在靠近纸刻度盘的地方。盒子内部的空间为高140毫米、宽100毫米、深45毫米。全部装配好后，在图5的小圈D处点焊，防止它在轴上转动。

　　为了校准本仪器，如图7那样接线。图中，A是自制的电流计、B是标准电流计、C是可变电阻、D是并联的3个或更多电池组成的电池组。插入足够电阻使标准仪器显示为1安培，然后在待校准仪器的纸刻度盘上做一标记。以同一方法校准2安培、3安培、4安培等等，直至满刻度。要用此仪表做电压表时，用大量No.36电磁线代替No.14在框架上绕线。若希望仪器既能测电压又能测电流，则两种线包都用，并把它们分别连接到两对接线柱上。

· 制作电流计 ·

　　这个仪表的外壳是木制的，取自旧雪茄烟盒，盒背不用。如果做得认真而又巧妙利索，做成的仪表会非常令人满意。这里给出的尺寸不需要严格遵循，可以视自己的条件而定。首先要做外壳并涂清漆，在其干的过程中，机械部件就可以装配了。

　　背板是一块木板：厚9.5毫米、宽165毫米、长172毫米。此木板的外边沿均倒角。盒子的其他部分用雪茄烟盒的木材制作，用砂纸打磨去掉商标。侧板的宽度是83毫米，长度是127毫米；顶板和底板的宽度是83

毫米，长度是114毫米。在顶板和底板内表面的每一端边用胶粘上一个三角木块A（图1）。用胶把三角件固定在侧板上，注意各部件应是成直角的。胶固结后，把这个方盒子用砂纸打磨光滑，然后对中，用旋入三角木块的小螺钉固定在底板上。

前面板宽133毫米、长165毫米，在顶部附近开一个环形孔，通过它可以看到刻度表。把前面板对中，然后用与固定背板同样的方法固定，四周外边沿及环形开孔的周边均弄成圆角。现在把盒子弄干净，上淡红褐色后涂清漆。再加工一块板B（图2、图3），它正好放在盒内并安置在三角木块A上。在B板上胶粘两块76毫米的小木板C，它们的木纹与B板交错以防止木板卷曲。所有这些部件均是用雪茄烟盒木材做的。另一件D的厚度为9.5毫米、76毫米见方，它放在其他各部件的后面，如图所示。在B、C、D木件上锯出宽45毫米、高64毫米的U形开口。用4块宽13毫米、长67毫米木条把木板D与木板C连接起来。

磁铁E的材料是软铁，厚9.5毫米、宽32毫米、长70毫米。横跨磁铁的每

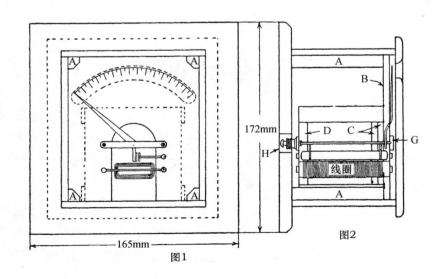

图1

图2

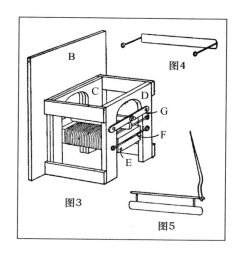

图4

图3

图5

一头焊一根黄铜线F，在线的两端各做一个圈，形成螺钉的眼。这些黄铜线的长度约为64毫米。在软铁上绕三层No.14双纱包铜线，每一头留出127或152毫米长的铜线用于连接。

图5所示的部件是用1.6毫米的黄铜线做的，两头磨尖作为心轴。距此黄铜线每一头约18毫米处焊两根比较小的黄铜线，再把它们焊在一条宽6.4毫米、长67毫米的镀锡铁皮上。此镀锡铁皮的下边沿应距心轴13毫米左右。指针焊在心轴上距一端6.4毫米处。除了镀锡铁皮带外，所有这些部件都应是黄铜材料。另一条镀锡铁皮带（尺寸与第一条一样）焊到两根黄铜线上（图4）。这两根线的长度为25毫米左右。

指针的心轴在两条黄铜带G之间自由摆动，黄铜带的尺寸是：厚1.6毫米、宽6.4毫米、长64毫米。在其中一条黄铜带上打一个埋头小孔以容纳心轴的一头，在另一条上钻一个直径3.2毫米的孔。从旧电池的接线柱上取下的蝶形螺母放在孔上，当螺钉旋入螺母时，螺钉将穿过去。螺钉端头是打了埋头孔的，可以放心轴的另一头。实现正确的调节后，必须用防松螺母把螺钉固定。在这两条黄铜带G的两端钻孔，以便用螺钉把它们固定在合适的位置。有调节螺钉的黄铜带G固定在背板上，便于通过在背板中钻的孔H调节它。把指针弯曲，使其穿过U形缺口沿着木板B的背面向上。在B板上打一根大头针使指针不至于向左落下太远。安放图4的镀锡铁皮，使其正对着图5的镀锡铁皮，固定到位。再安放电磁铁，线圈的两头正好越过图4、图5中的镀锡铁皮带。两个接线螺钉安装在背板底部，与线圈的延长线连接。

　　至此，可以对仪表进行校准了。做法如下：将它与另一个标有刻度的标准电流计串联。同时串联一可变电阻及电池（或其他电源）。调节电阻使标准电流计显示0.5安培，然后在新做的电流计上把指针位置在刻度盘上标出。改变电阻值至标准电流计的每一点，在待校准仪器的刻度盘上标出对应数值，到满刻度为止。

　　电流流过线圈时，图4、图5中的两条镀锡铁皮带磁化，由于是同一磁力线磁化，它们具有同样的极性。同性极互相排斥，但因为部件是不能移动的，它就带动指针移开。电流越大，金属带的磁化力越大，迫使它们分得更开，指针的偏转就越大。

· 自制电池电压计 ·

　　取一段76毫米长的黄铜管，其孔直径为6.4毫米。把32毫米见方的厚硬纸板A放在黄铜管的两端。在每块纸板的中央钻一个孔，其大小正好和铜管紧紧配合。在铜管上绕2或3层结实纸张，在两头的硬纸板间也放2或3层。在两头之间的纸上均匀地绕57克No.26纱包电磁线，从线圈每一端延伸留出51毫米的导线。一块厚13毫米、宽76毫米、长152毫米的木板用作基

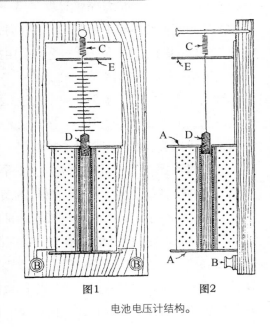

图1　　　　　图2

电池电压计结构。

板，把线圈固定在上面（图1）。钻两个孔装接线柱B，木板每侧一个，线圈的两根线与它们连接。在木板另一头的中心位置，钉一根线钉，并在其上挂一小弹簧C。弹簧长约25毫米。取一小块长13毫米的软铁D，其大小刚好能在黄铜管内自由滑动，再焊一根铜线在软铁上。铜线的另一头钩在弹簧C上。铜线的长度要使软铁D正好一部分悬挂在线圈的末端，并且弹簧C仍保持在合适的位置。圆形硬纸板E套在弹簧与铜线连接处。此硬纸板用来作为指针。宽38毫米、长64毫米的一张纸胶粘在木板上，使它直接在硬纸板指针下面，紧贴在线圈上方。

将一个电池与接线柱连接后，就可在纸上标定刻度了。铁芯插棒D拉入管内时，指针E就被拉得靠近线圈。直接在指针停留处做标记。在该处标出电池与电压表连接时读出的电压数值。用2或3个电池做同样的工作，在刻度表上记下结果。通过把这些标记之间的距离细分，在与被测电池连接时，你也许能获得非常正确的读数。

· 如何制作袖珍电压电流表 ·

从拆开的怀表中去掉机件和转柄。在边沿钻两个4.8毫米的孔，孔距为19毫米，插入两个接线柱（图1），用硬纸板将它们与外壳绝缘。把宽13毫米的两条薄硬纸板折叠形成两个长方形盒，盒长13毫米、厚4.8毫米，在边上开口。在一个盒上均匀地绕从电铃电磁铁上取下的电磁线，深度3.2毫米。在另一盒上绕No.20的电磁线，深度一样。用涂胶标签固定导线，使绕线不松开。

将线圈胶粘在外壳的背面，每一接线柱连一根导线（图2），另外两根导线与电感线圈的引线连接，引线插在除去转柄的孔中。用密封蜡或焊料把黄铜头平头钉固定在外壳的F点，将一根金属丝弯成如图3所示

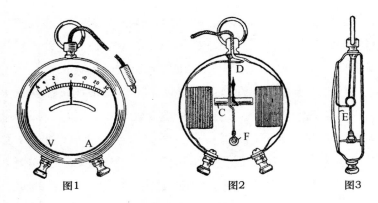

图1　　　　　　　图2　　　　　　图3

怀表壳内的电压电流表。

的形状，一头能在平头钉上自由摆动，一头形成线圈。在线圈中装一根长19毫米的钢棍（图2）。

　　一条橡皮带D把钢棍C与表壳顶部连接。橡皮两端用密封蜡固定。橡皮保持指针在0刻度处，或在刻度表的中间。不要用太强劲的橡皮带。剪切一张坚硬的白纸制作刻度盘，它将安放在表面玻璃下。在纸刻度盘中切出一弧形，指针穿过其摆动。

　　为了校准此仪表，首先把连接到粗线线圈的接线柱标记为A，用于电流测量（安培）；连接到细线线圈的另一个接线柱标记为V，用于电压测量（伏特）。把引线和标记为A的接线柱分别连接到1、2、3个电池上，每次给指针在刻度盘上的位置做标记。在标准电流计上取得相应的读数，将数字标记在刻度盘上。采用同样方法可以校准刻度盘上的电压读数。断开电流时指针静止的地方标记为0。

电池基础知识

· 给出任意电压的电池连接方式 ·

参见示意图：A是5点开关（可以自制）；B是单刀开关；C是接线柱。开关B闭合，开关A处于No.1时，你将从1个电池获得电流。开关A处于No.2时，你将从2个电池获得电流；开关A处于No.3时，你将从3个电池获得电流。开关A处于No.4时，电流从4个电池流出；开关A处于No.5时，电流从5个电池流出。可以有更多电池连接到开关A的每一点。

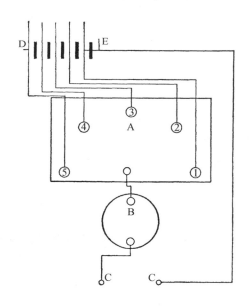

· 继电器节省电池电流 ·

借助于图示的装置，可以使用非常弱的线电流。继电器A与主电路相连，通过衔铁形成的接触使本地电池电路闭合而控制本地电路，本地电路中可能有电铃、电报发声器或任何别的电气装置。

继电器可以用旧电铃的电磁铁来做，用No.28或No.30单包细线重绕。应将其安装在木基板上，衔铁在合适的位置（见图示）。触头C能从电铃断路器取得，应调整得在没有电流时使触点近乎碰上触头。这样，极小的电流流过电磁铁就会使衔铁移动，形成连接而闭合的电路。类似性质的继电器在电报和火灾报警线路中普遍使用，也能用于电池移动电话。

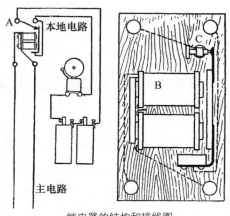

继电器的结构和接线图。

· 如何制作热温差电池 ·

　　按图示建造的装置得到了用热水、冷水和由火柴或酒精灯提供的热量产生电流的新颖方法。如图1，把两块203或254毫米长的硬木板、大理石板或石板放在一起，做记号并钻约500个洞。这两块板分开约203毫米，用横跨两端的板固定（图2）。剪几段线径不小于No.18的软铜线。把它们穿过这两块板中的洞，留足够的尾端打一个结。穿满二分之一的洞大约要21米铜线。再剪几段同样数量的No.18镀锌铁丝穿满剩余的洞。导线穿过板上的洞是交错进行的。即：以铜线开始，下一个洞就用铁丝，然后是铜线，再又是铁丝，依此做下去，把端头拧在一起，如图3所示。完成后，连接应该是以铜线开始，铁丝是最后。

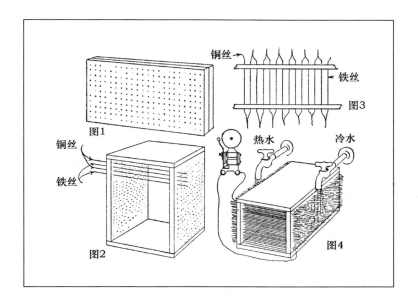

把整个装置用导线串起后，连接处（必须拧在一起）焊接。把一根铜线连接到电铃上，另一端（必须是铁丝）连接到电铃的另一接线柱。然后将装置短路，此时没有电流产生，除非将点燃的火柴或酒精灯火焰仅放在装置的一边。

若将冰或冷水放在一边，火焰放在另一边，得到的结果更好。实验者也可以把整个装置放在洗涤池的水龙头下，在一端开热水；另一端开冷水。两端的温差越大，得到的电流越多。

就这样完成了一些非常有意思的实验，这些实验是解决大型热电问题的基础。

· 电池开关 ·

在电池串联使用，且要经常改变电流强度和方向的情况下，下述设备是最方便的。在一种情况下，制作者用4个电池，当然也可用合理的任何数量电池。参考图示，当B固定在最左端不动，把开关A向左移动时，接入电路的电池从四个电池到没有电池，电流减少。当A固定在最左端时，向右移动开关B，电流在反方向接通。这两个开关处于不同位置时，可以在两个方向从每个独立的电池或任何几个相邻电池组取得电流。做实验看看其他的工作情况。

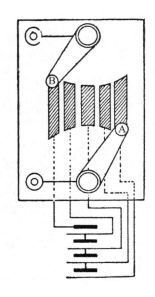

· 电池变阻器 ·

在178毫米长、127毫米宽的木板上离底边51毫米的半圆处，钻相距6.4毫米的孔。用一黄铜片作开关C，在铜片的一端焊上手柄。在DD处放两个钉子用作限位钉。木板的A和B处有两个接线柱。用约2.8米的细铁丝，将其一头与接线柱A的底部连接，然后把铁丝穿过第一个孔，越过第一个凹口到木板的背面，再穿过第二个孔并越过第二个凹口，依次做下去直至到

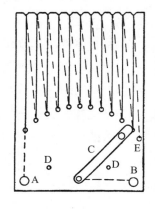

达E，铁丝的另一头固定在这里。把开关的一头连接到接线柱B。

· 另一种热电池 ·

　　直接从热产生电的热电池也
可以这样做：木架A，在A的垂直
部分钉一些钉子B，用粗铜线C串
联起来。由于电压很低，没有焊
接的结点可能中止电流，故所有
的结点都要焊接。酒精灯或别的
装置提供热量，用简易检流计检
测电流，检流计由No.14或No.16
单包线绕的方形线圈E及放在其
顶上的小型罗盘F组成。转动线
圈至南北方向，或与罗盘指针平
行。当钉子头加热而且电路闭合
时，指针将与线圈成直角绕其摆
动。钉子头上加冰或冷水时，将
使电流反方向流动。

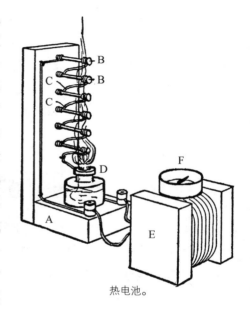

热电池。

电灯照明

· 电灯实验 ·

将白炽灯泡在布料上摩擦，或用纸、皮革、锡箔摩擦后，立即靠近正在工作但没有起火花的13毫米伦可夫[①]（Ruhmkorff）感应线圈，就能在黑暗房间中看到白炽灯泡发光。16烛光、20—22伏小型灯泡发光很明亮，但110伏灯泡则不会发光。用这些灯泡做实验时，每一件物品都必须干燥，在冷又干燥的环境下效果最佳。

· 用电灯电路做的简易实验 ·

做电气实验时，电灯电路比电池便宜得多。示意图说明了如何将一个小弧光灯和马达连接到灯座A。把灯拿走，带连接线的插头放入相应位置。一根导线连到开关B，另一根与水变阻器相连，水变阻器用于减少电流。

把盐水灌入一个马口铁罐C中，灌到接近顶部，将金属杆D穿过固定在罐顶的木块。金属杆往下时电流增加，抽出时电流减少。这样就能得到所需的电流量。

如图连接马达E及弧光灯F，通过转动开关B到对应位置就可以分别接通马达或弧光灯。将两支电碳棒固定在图示的木架上就很方便地做成了弧光灯。为了启动弧光，接通强电流并将两碳棒尖头靠在一起，然后再把上方的碳棒边转动边上拉，使两碳棒稍稍分开。

① 伦可夫（H.D.Ruhmkorff，1803-1877），德国物理学家。

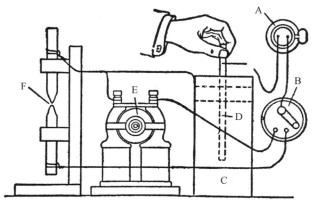

弧光、马达和水变阻器。

· 彩色灯泡实验 ·

对很多人来说，下面的实验可能是易做而不易解释：将一只手或其他物体放在从两个白炽灯来的灯光下，一个是红色灯，一个是白色灯，两灯相距约30厘米，使阴影落在白屏幕（如桌布）上。阴影的一部分将呈现明亮的绿色。类似的实验有：首先开红灯约1分钟，然后在关掉它的同时开白灯。整个屏幕将呈现鲜绿色约1秒钟，然后呈现其正常颜色。

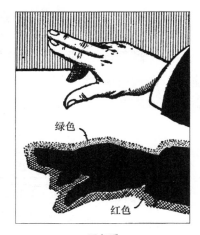

绿色

红色

双色手。

· 灯具漏电测试 ·

可按下述方法简易地制作一个很实用的测试灯具的装置：从插头A引两根导线，一根接插座B，另一根的终端为C。从插座B的另一侧引出线的终端为D。

测试灯具时，插头A插进电源插座，把灯泡旋入插座B。把终端C接触灯具的金属外壳，同时把终端D接触灯具引线中的一根。如果有漏电流，插座B上的灯泡和灯具上的灯泡将会发亮。

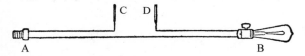

两条连接线的一条断开，其两端用作测试灯具的接点。

· 测试小电灯泡 ·

附图说明了测试小型灯泡的简易工具的结构。做一个基座放置闪光灯电池。两片黄铜C和D与电池连接。测试灯泡时，把它的金属头放在较低的黄铜片上，侧面靠住上面的黄铜片。用此工具能在短时间内测试大量灯泡。

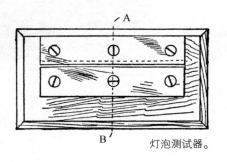

灯泡测试器。

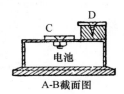

A-B截面图

第四章
机动化研究

·如何制作小电机·

电机的磁场框架（图1）由铸铁片组成。每个铸铁片的厚度可以是任意的，这样，若干片放在一起时就组成19毫米厚的框架。设计一个如图所示的框架模板，使它比给定的尺寸大1.6毫米，以便各部分固定在一起时锉削成型。模板做好后，钻4个铆钉孔，再把模板或图样与薄铁片夹紧，小心地用划针做记号。钻孔用两脚规标出，设置为3.2毫米。这为将用6.4毫米钻头钻出的孔划线。钻孔形成的地方可锉成图样的尺寸。一定要划线加工足够数量的铁片以制作19毫米厚的框架，或者再厚1.6毫米，以便于精加工。

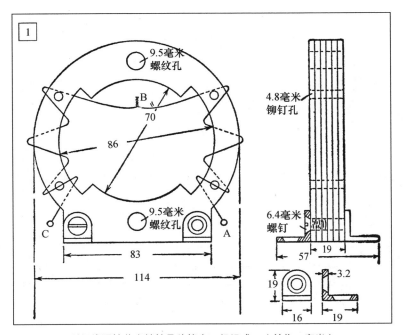

磁场线圈铁芯由铸铁叠片铆在一起组成。（单位：毫米）

铁片加工并钻好铆钉孔后，将它们装配并铆紧，然后在车床上钻出直径70毫米的孔。若厚度足够，可在表面上稍做精加工。将磁场框架从车床卸下前，用尖头工具为磁场芯标出直径为86毫米的间隔。用手转动车床，为磁场框架标出直径114毫米的外圈。然后按这些标记加工磁场框架，使其尺寸一致。框架加工到这一步时，钻两个中心距离为86毫米的孔，并用9.5毫米的丝锥攻丝。这些孔是用于支承螺柱的。还要在下方钻两个孔并攻丝，与6.4毫米螺钉适配，将夹板或底座与框架固定。这些夹板用3.2毫米铜板或铁板制成，如图所示弯成直角。

现在来制作支承螺柱（图2），并旋入框架中有螺纹的孔内。轴承座是由两块3.2毫米铜板制造（图3），它们安装在框架内的螺柱上。在每一轴承座的中央钻一个16毫米的孔，孔内插入一根16毫米的铜杆，焊接到位并钻孔容纳转子轴。转子造好后，配装这些轴承并就地焊接。具体做法：在加工完成的转子环外侧缠一片纸，穿过磁场框架中的孔放置，然后把轴承套在轴的两端。

若轴承座中的孔不在一条直线上，用锉将其适当调整。轴承就位后，把它们焊在座上，焊接牢固。取下缠转子环的纸，看看转子在轴承中转动是否自如，且不触碰框架内侧任何一点。然后拿下轴承座并在车床上车削焊接处，或用其他方法完成加工。转子轴（图4）是用机件钢车削制成的，转子完成并与轴固定后才结束轴承的加工。转子铁芯的制作方法如下：切割出两块3.2毫米厚的锻铁片，其尺寸比图5标注所要求

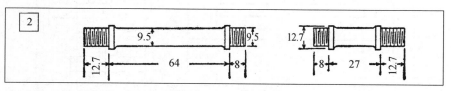

支承螺柱用机件钢车削制成，每一长度需要两根。（单位：毫米）

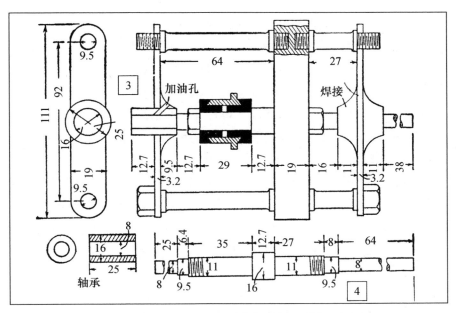

励磁铁芯的轴承座与用机件钢制成的转子轴。（单位：毫米）

的稍大一点，以便精加工到规定尺寸。这些用作外侧板，必须用数量足够的No.24铁片把中间充满，直至整个厚度超过19毫米，这些均按图样加工。这些铁片切出后，将它们夹紧在一起，穿过它们钻6个3.2毫米孔用于铆钉。把它们铆在一起并将整件退火。退火后，钻直径为43毫米的内孔。嵌入黄铜星形部件，星形部件的制作方法如下：取一片厚19毫米的黄铜，加工成图示的尺寸，锉去臂之间的金属。将星形部件套在转子轴上，再用定位螺钉固定，这样，调校转子铁芯时，转子轴就不会在星形部件中转动。在转子环上锉一条槽或细缝，使得它与星形部件的臂适配。要确保转子铁芯的内侧运行自如。这一点实现后，把星形部件的臂与转子铁芯金属焊接。然后将带铁芯的轴放到车床上，车削外侧至恰当的尺寸，各边倒角并抛光。精加工铁芯至19毫米厚，把铁芯从车床取下，锉出深6.4毫米、宽11毫米的几条缝。

定子用内径19毫米的一段黄铜管加工而成（图6）。这段铜管放在心轴上，车削至长度为19毫米，两端倒角60度，表面分成12等份。在外侧找出每一段的中心，钻3.2毫米的孔，在里面攻螺纹用于装针杆。针杆用黄铜制造、刻螺纹、旋入到位。装有针杆的端头用车床加工成外径32毫米。用小锯条在每一针杆的端头锯出一条狭缝，用于放置定子线圈的线尾。在针杆间的刻线上将环分成12份。

夹住定子两端的两个绝缘夹头是用纤维材料制成的，车削加工使其与黄铜管的内径匹配，如图7。取12条云母带，厚度与两段间锯切的宽度相同，用它们作为填充物和定子各段间的绝缘。把它们放在纤维夹头上，再把夹头滑装到轴上，然后用螺母夹紧成一体（见图3）。在车床上将定子修正至图6给出的尺寸。

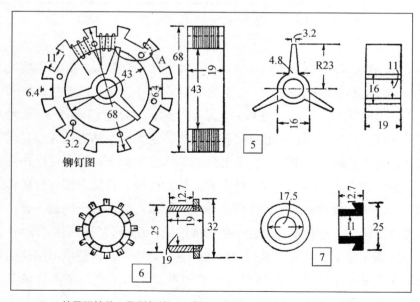

转子环铁芯，星型部件以及定子结构和它的绝缘。（单位：毫米）

电刷柄用一块纤维材料成型，如图8。夹电刷的销子用8毫米黄铜杆加工（图9）。电刷的材料是黄铜或铜丝网，卷成筒形后压平至3.2毫米厚、6.4毫米宽，一头焊接使铜丝保持在合适位置。电刷柄滑装到轴承的向外突出端（见图3），并用固定螺丝固定。

励磁铁芯在绕制前用0.4毫米厚的纤维布绝缘。制成的29毫米×38毫米的垫片用于端头，在垫片中割出一个孔正好放于铁芯绝缘的上方。从此孔到外侧切出一条通缝，然后把它们浸入温水中，直至足够柔软放于合适的位置。干后，把它们与铁芯绝缘胶粘。

励磁场用No.18双纱包磁导线绕制，约需30米。通过每一绝缘垫片下端钻一个小孔。开始绕线时，将导线头在A处从里向外穿过小孔（图1），绕4层。为此要用15米导线。把导线头在B处引出。一个线圈（或一侧）绕好后，从C处开始，以与A处同样的方式，用同样的圈数和同样的导线长度绕制。两个线端在B处连接。

转子环用1.6毫米纤维布覆盖内侧和黄铜星形部件绝缘。剪两条环状1.6毫米厚的纤维布，胶粘在转子环的两端。胶固化后，切去两端狭缝的部分，作为纤维垫圈。用0.4毫米厚的纤维布做12个槽形件，用胶紧贴在缝中并与两端的纤维垫圈粘接。要保证覆盖转子环和星形部件，使导线

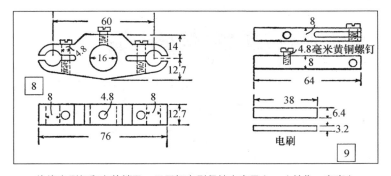

绝缘电刷柄和它的销子，用于把电刷保持在定子上。（单位：毫米）

不接触铁或黄铜。

转子的每一缝用约3.7米No.21双纱包磁导线绕线。从图5的A处开始绕线，越过凸出齿把线头折弯。然后在一条缝内绕线圈，共40圈，或4层、每层10圈，绕制时每层刷虫胶清漆。一条缝内的线圈绕好后，要把线头伸出50毫米，固定在定子的分段上。用同一方法在下一缝内绕相同的圈数，依此类推，直至绕满12条缝。把线圈的起始一头与下一个相邻线圈的结尾一头连结后，线圈伸出的线头与定子分段的针杆连接，所有的连接均要焊牢。

整个电机用螺钉固定在长203毫米、宽152毫米、厚25毫米的木基座上。两个接线柱固定在基座的一侧，开关则在另一侧。

电机放在座上后连线，把图1所示B处的两个导线头焊在一起。将A处所示的磁场导线的一头穿过基座中的小孔，在底边上做一沟槽，使得线头能与一个接线柱连接。磁场导线的另一头C与铜电刷销中的铜螺钉连接。连接来自另一电刷销子的导线，使它穿过基座中的小孔，在底边上为其做一沟槽，使它能经由开关和另一接线柱连接。这种接线是用于串激电动机。电源与接线柱连接。此电动机可在110伏直流电运行，但必须与其串联一个电阻。

· 盘式转子电动机 ·

制作最简单的电动机之一是盘式电动机，其构造只需木基座、黄铜圆盘、76毫米马蹄磁铁和一些水银。业余科学爱好者绝不能尝试处理水银。只有专业人员才可以处理这种剧毒物质，所以，文中的说明仅仅是为了给出信息资料。

基座用硬木制成，按比例示于草图中。引入导线与接线柱A和B连接。

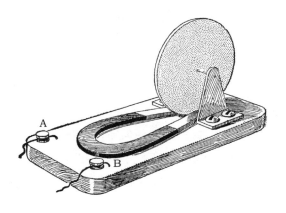

此后的连接均在基座底部，从A到沟槽C（刻在基座上面，放水银用），以及从B到一个支承的螺钉D。前面的导线必须清洁并插入沟槽底，水银将围绕其四周。

支承片由薄黄铜板制作，加工成图示的尺寸，支承部分用很尖的中心冲头在E处形成。盘轮的材料是黄铜板，直径50毫米。用一根针（打破针眼并磨尖）做轴。在顶部弹开支承片可使针轴定位。

加电流时，圆盘将按一定的方向转动，该方向与磁极的位置有关。磁极交换时，圆盘也向反方向转动。

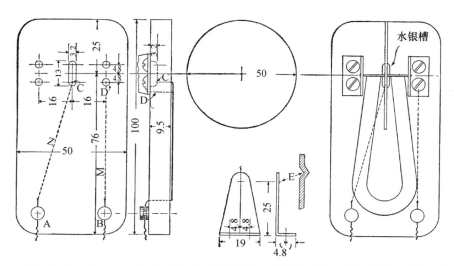

盘式电动机各部件图显示了马蹄磁铁在基座上的位置，磁铁两极端头直接在轴中心下面。（单位：毫米）

· 如何制作小型单相感应电动机 ·

下面说明如何制作没有辅助相的小型单相感应电动机。要解决的问题是制造一个足以驱动缝纫机或轻小型车床的电动机，以照明电路的110伏[①]交流电供电，如果可能，耗电不要超过16烛光的灯泡。设计中必须牢记于心的是，除了绝缘导线外，不能使用其他任何特殊材料。

感应电动机的工作原理与整流子式电动机完全不同。电枢（或转子）的线包与外电路没有任何连接，其中的电流由供给场磁体（或定子）线包的交流电作用感应而生。不需要整流子，也不需要滑环。可惜这种小电机不能自己启动。不过，只要稍稍拉一下电机皮带就像通电一样，电动机速度很快逐步加大，假如没有负载，速度就大到与电源的交变同步为止。然后它以恒速运行，电流或大或小，但若过载，数秒钟就会停转。

定子有4极，用多块火炉管用薄铁片叠制（共25毫米厚，约35片）。所有铁片是一样的，全都剪切成图1标出的尺寸。虚线C是在它们叠在一起时要锉掉的。每层放4片，如图2所示那样错缝结合。在木板上

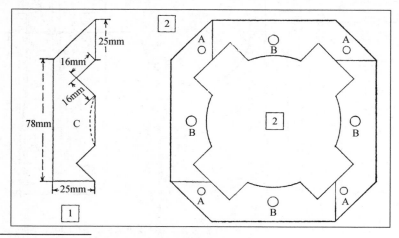

---

① 美国民用交流电电压为110伏，不同于我国的220伏。

小心地一片片叠合，粗金属丝事先已打入木板中，使叠层位置合适直至全部就位，再夹紧。在薄铁片中间钻6.4毫米的孔B。然后插入6.4毫米的螺栓并紧固，穿过木板钻一个大孔就能进行上述工作。然后细心地锉出电枢通道，全部重新分开，以便把粗糙边沿刮平，并给叠片的一面涂一层薄虫胶清漆。再次装配

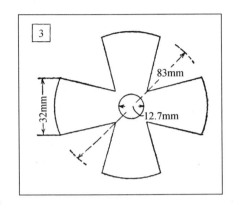

后，涂上虫胶清漆的螺栓就永久地放置到位。在尖角A处钻直径4毫米的孔，插入销钉，销钉插入前均要涂清漆。装配在一起后，组成一件50毫米厚的部件。

采用这种独特的结构是因为没有合适的冲压件可用，也因为每一铁片要用一副白铁工用的剪刀剪切，所以，此铁片外形非常简单是十分重要的。它们其实不是特别精确，当其中一些不大合格而又涂了清漆时，磁体中就会发生一些难以完全解决的麻烦事。一些能量无疑会损失在大量的接缝处，因为这些接缝断开了磁路。不过，只要叠片紧密地叠在一起，磁路四周尽可能集中，能量损失可能就不大明显。

转子由铁片切割出的叠片制作，见图3。在这些叠片的一面涂薄薄的清漆，在轴上以常规方法用两个螺母夹紧。然后用车床稍做加工，使圆周准确。轴用13毫米的铸铁加工，不要用钢材，尺寸见图4。支座用

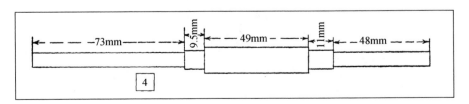

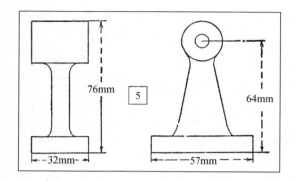

巴氏轴承合金在图5所示的模具中铸成，在车床上用麻花钻头钻到尺寸。给它们配装常用的油绳润滑器。图6和图7是机器装配好后的截面图。

定子用No.22双纱包铜线绕制，用线大约1.13公斤。连线要能产生交替磁极，即，第一个线圈的末端与第二个线圈的末端连接，第二个线圈的开头与第三个线圈的开头连接，第三个线圈的末端与第四个线圈的末端连接，而第一与第四个线圈的开头连接到电源。

转子用No.24双纱包铜线绕制，每一翼用200圈填满，全部沿同一方向绕制。四个起始端在转子一侧连接在一起，四个结束端在另一侧焊在

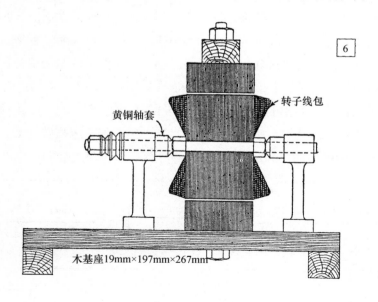

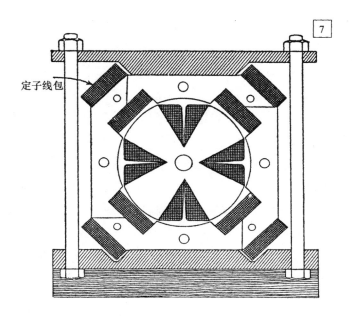

一起。所有绕组间隙小心地覆盖两层在虫胶清漆内浸过的细漆布。每一层导线绕好后，用清漆浸透再绕下一层。

　　此类电机有上面讲到过的缺点。不过，若用常规冲压片做叠片，电动机制造就非常简单，没有整流子或电刷，不太容易坏；也不需要启动电阻。而且，因为电机是以取决于电源交变数的恒速运行，调速电阻也不需要。

· 电动机简易控制器 ·

　　这一控制器在操作上与电动汽车上用的各类控制器相似。参考其电路图以及与其连接的双极串激电动机的图解说明，就很容易了解它的工作原理（图1）。控制器由6个弹簧片组成，用小圆圈和字母A、B、C、D、E、F表示，它们与安装在木制小圆柱体上的窄黄铜条接触。这样的设计使控制器能通过小手柄从所谓的中性点处（标为N）沿两个方向转动，手柄置于控制盒的顶部。控制器的圆柱在中性位置时，6个接触弹簧与圆柱上的任何金属都不接触。绕圆柱的触点在6个不同的水平位置，标为G、H、J、K、L、M。从中性点处朝两个方向各有三个不同位置。沿一个方向移动圆柱将使电动机的电枢在一定方向以三个不同速度旋转，反向移动圆柱将使电枢在反方向以三个不同速度旋转。在一个方向上的位置用字母O、P、Q标出；另一个方向上的位置用字母R、S、T标出。

　　假定圆柱转至标为O的位置，从电池U的正极出发的电路如下：接触弹簧片E、黄铜条L、黄铜条M、接触弹簧片F、通过磁场线圈VV、接触弹簧片D、黄铜条K、黄铜条J、接触弹簧片C、通过电阻W和Y、电枢Z、通过电枢到达电池负极。将圆柱移至P后与前一个电路相比，该电路

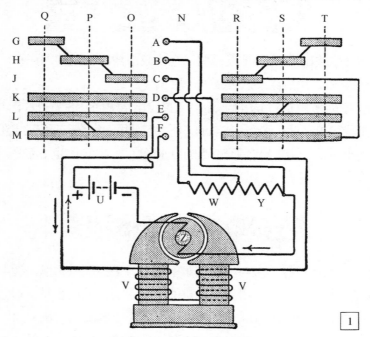

双极串激电动机控制器的电气接线图。

中仅仅取消电阻W；将圆柱移至Q则取消了留下的电阻Y。通过电枢和串激场的电流方向用实线箭头示出，圆柱移向左边的所有位置都是这个方向。将控制器移到标为R、S、T的位置时，除了串激场线圈中的电流反向外，电路连接的变化与上面的情况是一样的。

控制器的制作可按下列步骤进行：取一段直径45毫米、长79毫米的圆柱木，最好是硬木。将此圆柱的一端车细至直径为13毫米，从一端到另一端穿过中心钻一个6.4毫米的孔。将小直径部分的周长分成8等份，在每一分点将一根小钉子沿直径的方向打入圆柱小直径部分的侧面，刚好放在圆柱大直径部分的上表面，与圆柱轴正交。切掉所有的钉子头，以便使钉子的外端均衡地延伸到外圆柱（或大尺寸圆柱）的表面。把大直径圆柱分成8等份，使得分点在相邻钉子端头间的中间位置，在这些点上沿圆柱轴从上到下画一条线。再把圆柱沿纵向分成7等份，在每一分点处绕圆柱画一条线。剪切几条3.2毫米薄黄铜板条，把它们安装在圆柱上，与图1所示的对应。圆柱上画的任一垂直分度线可以作为中性点。将这些黄铜条两端折弯并磨尖，以便能把它们打入木头内安装。不同的黄铜条要按图1粗线所示进行连接。不过，这些连接不能越过黄铜条的外表面。

做一个长方形小框架，圆柱体垂直安装在内：一根圆杆向下穿过长方体顶部的孔，穿过圆柱内的孔，并部分穿过长方体的底部。可以把杆的上部弯曲形成手柄。要用适当的方法将杆固定在圆柱上。

做6个与图2A处所示形状类似的板簧，把它们安装在长方体内，使它们的垂直位置与圆柱上的黄铜条对应。与这些板簧连接并安装在盒外的6个小接线柱用于对外连接，这些接线柱要有标记，便于识别。

做一个与图2B处所示形状类似的宽13毫米板簧。把它安装在长方体内，使其与圆柱体小直径部分中的钉子端头啮合。此弹簧的作用是使圆柱体停留在确定位置。盒子的顶部应做出标记，使得手柄位置指示出圆柱的位置。要有止动措施使圆柱盒不能转动。

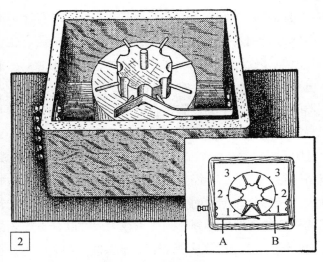

控制器顶视图说明弹簧安装方式。

· 小型电动机的控制器 ·

小电动机控制与反转装置的简易制作方法如下：

取152毫米×114毫米、厚6.4毫米的木块（A）及152毫米×25毫米、厚6.4毫米的木块（B）各一块。在B的中心附近穿过木块钉入一根钉子，作为枢轴（C）。在一头的下侧钉铜电刷（D），伸出约25毫米。在同一头的上侧钉另一电刷（E），它在两边伸出并向下弯到与端头电刷D同一水平面上。然后在板上安放半弧形黄铜头大头钉，如图中F所示，中间留一点距离，每边安放5个大头钉，使端头电刷能接触到每个大头钉。在木板的下侧面上将这些大头钉与镍黄铜线线圈连接，每一线圈用长约203毫米的镍黄铜线。用焊接方法固定，或把大头钉尾端折弯固定。然后钉两条铜带（G），它们的位置要使得端头电刷停留在某一边的大头钉上时，侧电刷将停留在同边的一条铜带上。

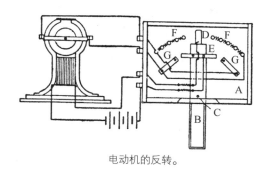

电动机的反转。

绕此装置四周装高约38毫米的边条，把木板从底面抬高一点，给线圈留出空间。如果需要，可加一个盖子。按图连接。

· 小型电动机的直联反转 ·

如图1所示，一个简单的反转装置可以直接装在电动机上。图2是这个反转装置的结构：A是厚9.5毫米、16毫米见方的胡桃木块，其上装有黄铜带或铜带（BB），见图示。钻的孔（CC）用于连接导线，必须把它们与木块表面齐平。在木块中为13毫米螺钉钻一个孔。图1中，D是胡桃木（或其他密实硬木）薄条，固定在电刷夹接

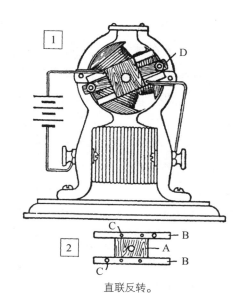

直联反转。

线柱上，接收中心的螺钉。

在把反转装置安装在电动机上之前，要解除下面接线柱与电刷夹之间的所有连接，把磁场线圈的两头与下面接线柱相连。将铜带BB（图2）折弯到合适的位置，使其与固定木条D的螺母形成扫动接触（图1）。把螺钉拧紧到使装置转动时有一些阻力。所有部件按图连接。要反转时，转动该装置，铜带改变连接方式，电动机就做余下的事了。

· 4个玩具电动机传递4个基本概念 ·

尽管这4个电动机体积和功率小，但它们说明了大多数发动机中采用的运动原理。

马口铁皮–钉子电动机： 这是一种最简单的电动机，一个小电磁铁使马口铁皮转子旋转，如图2及图6所示。这个电动机用几个干电池驱动，或由变压器提供的6伏交流电驱动。转子动作就像一个微型开关，它轻轻扫过电刷，就在其臂在电磁铁上方通过时，短暂接通电流。每转半圈发生的这种电流推力正好足以维持转子不断转动。转子用马口铁皮剪成如图示的十字形状，侧臂扭成直角。电磁铁（或磁场线圈）是在两根钉子上串联绕制的，两个线包方向相同。两根钉子相距51毫米。线的一头刮光并扭转形成紧线圈，用作接线柱；然后用平头钉钉在底板的A处（图6）。在这一点连接变压器或电池。线的另一头钉

2 马口铁皮-钉子电动机   3 同步电动机   4 串激电动机   5 感应电动机

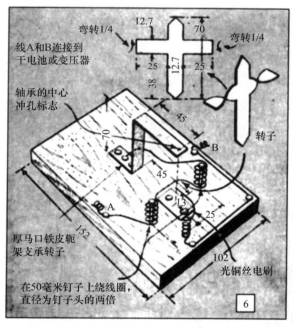

线A和B连接到干电池或变压器

弯转1/4   12.7   70   弯转1/4

轴承的中心冲孔标志

转子

厚马口铁皮轭架支承转子

光铜丝电刷

在50毫米钉子上绕线圈，直径为钉子头的两倍

6

白铁皮-钉子电动机。（单位：毫米）

在支承转子上端的轭架上。用一段裸铜导线做电刷，轻轻擦过在底板上方约13毫米处的转子边沿。这给线圈提供了灵活性。电刷导线的另一头也刮光在B处形成一个接线柱圈，变压器或电池的另一边与它相连。在轭架上及两个钉子之间中间位置的小马口铁皮底板中做中心冲头标记。然后将转子装配到位，使其侧臂在钉子头上方约3毫米处。调节电刷，使它接触转子边缘并当转子在钉子头上方通过时松开。将此电动机与电源连接后，把转子转一下起动，电动机就会转动了。

同步电动机：同步电动机是以等于供电交流电源频率或该频率的约

数的恒定速度运转的电动机。图3和图7中显示的是以从电铃变压器得到的低压交流电为动力的简易同步电动机。磁场线圈A及B是从蜂鸣器或门铃取下的两个电磁铁，安放后使得两绕组以相同方向运行。它们是串联的。转子由两片

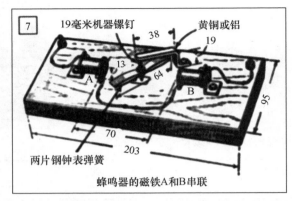

同步电动机。（单位：毫米）

钟表钢弹簧组成，轴是将两端锉成尖头的No.6-32机器螺钉。如图所示，两个螺母把弹簧夹在轴上。轴在底板和支承臂中的中心冲孔凹痕之间转动。这个电动机的转子没有电连接。电动机将以其开始时的速度连续运行。

串激电动机： 图4中电动机用6伏直流电或用玩具变压器得到的8-12伏交流电运行，可以给它装皮带轮带动小模型或其他机械，产生与其尺寸相当的功率。图9是结构详图。转子铁芯C和磁场铁芯D，以及两端支架A和B均由3.2毫米厚的带铁制作。转子铁芯和磁场线圈用电铃线绕，基本上要充满空间。在轴上滑动转子铁芯并用锤击或点焊料把它固定在合适位置。换向器用线轴及两片铜带制成。在线轴

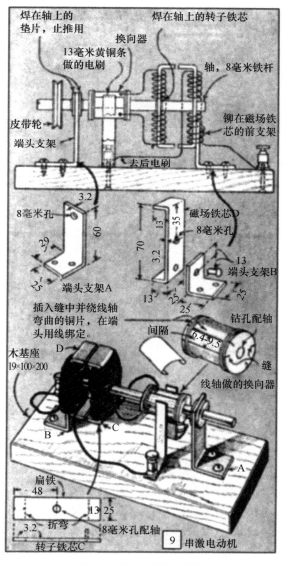

焊在轴上的垫片，止推用

焊在轴上的转子铁芯

换向器

13毫米黄铜条做的电刷

轴，8毫米铁杆

皮带轮

端头支架

铆在磁场铁芯的前支架

去后电刷

3.2

8毫米孔

29

60

25

端头支架A

磁场铁芯D

8毫米孔

35

13

70

3.2

13

端头支架B

13

25

25

25

插入缝中并绕线轴弯曲的铜片，在端头用线绑定。

间隔

钻孔配轴

6.4-9.5

缝

木基座
19×100×200

D

线轴做的换向器

B

C

A

扁铁
48

13   25

3.2   折弯

8毫米孔配轴

转子铁芯C

9 串激电动机

串激电动机。（单位：毫米）

的相对侧各锯一条缝，铜带的边缘插入缝中，然后绕线轴折弯铜带。在换向器的两个铜环部分之间应留6.4-9.5毫米的空隙，并将转子铁芯定位。在端头支架每一侧的轴上焊两个垫圈限制移动。电刷是用13毫米宽的黄铜弹簧制成。有时有必要用手启动电动机。若首次装配后它不工作，将轴上的换向器转到使电动机运转的位置。

感应电动机： 图5是用玩具变压器的低压交流电工作的盘式感应电动机，用它做例子说明在各种仪表中使用的原理。它不能用直流电工作。图10到图13给出了各个部件的细节。所用铁芯叠片的尺寸大体上与图12一致，能从收音机中的旧声频变压器中取得。上下线圈需要两叠铁芯片，每叠厚14毫米。上线圈用No.28双纱包线，绕足够的线填满铁芯上的绕线空间。下线圈用No.18线绕。每个线圈的引线外接到电动机相对两侧各一对的接线柱上。在上线圈的铁芯上钻孔，孔的位置刚好在线圈下面，插入单圈No.8裸铜线，如图11所示。线的两头要小心地重叠并焊在一起。框架用No.16黄铜板制成。转子是铜板或铝板制成的圆盘。将其在轴上上下移动直至处于两铁芯之间的适当位置。把上线圈的两端与收音机变阻器连接，下线圈与6伏变压器连接。有必要通过稍稍向某一侧移动上线圈，使得电动机运行正常。一旦找到正确的位置，电动机的速度能通过调节变阻器来控制。

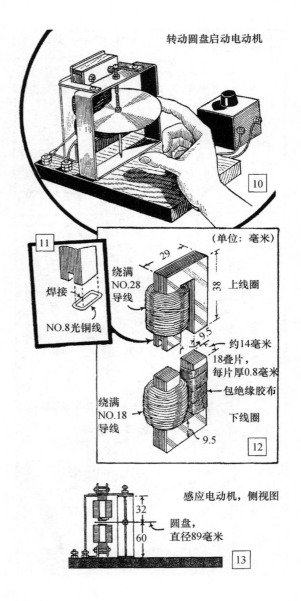

转动圆盘启动电动机

10

11
焊接
NO.8光铜线

（单位：毫米）

29
38
上线圈
绕满
NO.28
导线
9.5
约14毫米
18叠片，
每片厚0.8毫米
包绝缘胶布
绕满
NO.18
导线
下线圈
9.5
12

感应电动机，侧视图
32
60
圆盘，
直径89毫米
13

无 线 电

· 简单的无线系统 ·

  附图简明地描述了一个简单而又廉价的无线电报装置，用它在横跨2400米的水面上发送信息没有任何问题。它是如此简单，以至于插图几乎不用解释。图1是发送装置，914毫米×914毫米×3.2毫米的两块铜板连接着由40节干电池组成的电池组。两铜板在每一头用一块硬橡胶隔离，相距152毫米。

  图2中的铜板和两铜板之间的隔离方式与图1完全相同，它们与普通电话机的听筒连接。用此听筒，操作人员能清晰地听到打开及闭合图1中的莫尔斯电报键形成的电信号。莫尔斯电报码可参阅有关手册。

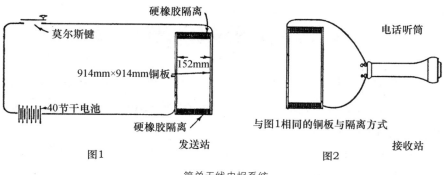

简单无线电报系统。

· 单线电报线路 ·

所附接线图说明了一个不需要开关的电报系统，它可以在每一端都有接地的单线线路上用暂流电池组工作。任何键有双触点的电报装置都能按这种方式连接。

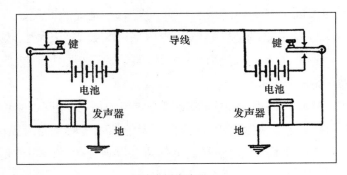

单线电报线路图。

· 简单的无线电发送装置 ·

这里介绍一种用于短距离发送信息的简易跳火无线电传送设备。整套装备可以放在一个小提箱中，非常适合汽车或轮船上人员的需要，也可用于少年们的野外活动。

组成此设备必要的仪表部件如下：高压跳火线圈（有不同的尺寸，用标准轻型汽车的点火线圈，信息发送距离可达25.6公里）、键（普通电报键就能满足需要）、火花间隙（可由安装在两根直立纤维柱中的锌电池极组成）、电容器和螺线管。电容器积聚能量，然后在火花间隙处放电，产生振荡，以电波形式从天线发送到空间。

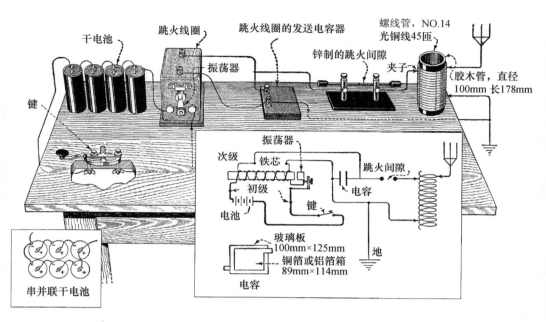

业余无线电爱好者可以制作的十分简单的发送装置，它可以放在小提箱内，适用于童子军或类似的其他组织的活动。所有仪表部件均可自制，使此装置非常廉价，满足初学者的需要。

用一些玻璃片中间夹锡箔片制成电容。100毫米×127毫米或127毫米×178毫米的旧照相底片去掉感光乳胶后适合此用途。锡箔片比玻璃片小13毫米，其上要有突出的接线片用于把引线连接到每一锡箔片。装配电容器时，锡箔片放在玻璃片之间，锡箔片的接线片要交替放置，在相对两侧突出。电容器单元由5片锡箔和6片玻璃组成。装配完成后，把它绑在一起置于雪茄烟盒中，用熔融石蜡把周围的空间填满，做成可用于手提设备的小巧部件。若发送器是固定的，电容器可以安放在一个盆子里的木块上，盆中倒入足够的绝缘油或变压器油将部件盖住。增加电容器的数量能获得所需的电容量。

在直径100毫米、长178毫米的刻槽胶木管上绕45圈No.14光铜线制成螺线管。如图所示，将弹簧夹子焊到从天线、地和火花间隙引出的导线上。短距离工作时，用4个干电池就可以。使用时如大图那样把电池串联。另一种连接方式是将电池串并联，如左下小图所示。这样使负载分散，电池的寿命长一些。

采用普通工厂可以提供的材料能大大降低该设备已经不太高的成本。

天线要很好的与地绝缘，但对于作为发送设备的天线决不要用瓷夹板。把所有的导线连接处都焊起来，并使引线不要太长。接地非常重要，接地线尽可能短，把它固定在水管上。将接地线焊在水管上或用接地夹。

若此设备在室内作为固定装置使用，必须在室外安装避雷器或接地开关，防止雷电随导线进入建筑物。

操作发射台的工作人员必须要有许可执照。从建造者居住地区的无线电管理机构可得到全部必须的测试细节。

· 如何建造可调节的并联电容器 ·

无线电工作用的可调节的并联电容器从市场上买价格很高，本文将介绍简便而又经济的制作方法。它用在连续波发送设备的接地引线中。不过，用于此目的时，云母的品质必须很好，所有单元夹在一起安装前必须经500伏直流电压测试。此电容器在接收设备中也能很好地工作，可以制成不同的容量，用风扇开关闭合或断开线路。

8个电容单元是用50毫米见方的锡箔夹在64毫米见方的云母片之间制成的。有一个单元用5片锡箔，其他7个单元每个用3片锡箔。锡箔切制时要制作突出于云母片之外的接线片。

装配第一个单元时，把云母片平放在桌子上。在其上放一片锡箔，

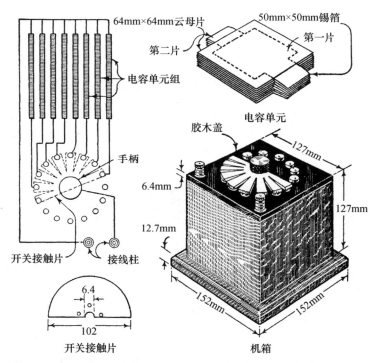

易于制作的低成本并联电容器，它能有效地使用在连续波发送设备的接地引线中，在接收设备中也能很好地工作，且可做成不同的容量。

其接线片向右侧突出。再放另一云母片后，又放一片锡箔，其接线片向左侧突出，依此往下，直至5片锡箔和6片云母安装完毕。其他单元用同样方法装配，交替的锡箔片的接线片指向相对的两侧。每个单元都装配好后，用电工胶带捆起来，或把所有单元用螺栓拴在金属板之间，再用石蜡浸渍。锡箔的接线片在两侧端头，其中一侧端头的每一接线片上焊一根引线，在背面把它们全部连接起来，如图所示。在另一侧端头，将引线外连到机箱胶木顶板的触点，共16个触点，其中8个是闲置不用的分触点，仅仅用于使开关接触片转动平稳。开关接触片是铝片做的，用螺钉拧紧在开关手柄下面。如果没有铝片，用一块普通可变电容器的固定板，如图示锯出径向齿形。5片锡箔的电容单元连接在接线图中左边的第一个触点。

　　机箱使用6.4毫米厚的木料做成，尺寸见图示。引线连到顶板的接线柱上。做好的机箱应该与其他仪表设备的表面装饰适配。有需要时，电容器也可安装在仪表板的背面，不成为一个独立单元。

· 振荡变换器 ·

　　振荡变换器是高效无线电发射装置的重要部件，市场上有多种类型。但是，最实用的一种是圆饼形振荡变换器。这种变换器制造简单，费用不大。与螺线管形比较，这种变换器的优点很多。它既可直接耦合，也可感应耦合，保证发送在接收站可以被大幅调谐的纯持续波，截去了干扰电波。线圈的各部分均可与夹子连接，初级和次级线圈沿水平黄铜杆滑动，使得能很快地改变耦合方式，能利用发射器的全部能量。圆饼形变换器已经成就了业余无线电站的一些出色记录，几乎所有的记录保持者都用它。

　　木制品可以是任意种类的木料，着色上漆使制作者满意。杨木或桦木比较容易加工，上红褐色漆。底板和立柱的尺寸在图中给出，并用穿过底板的45毫米木螺钉装配。黄铜杆攻丝，在每一头装垫圈和螺母。两个木圆盘用25毫米螺钉固定在初级和次级线圈横档的背面，横档上开狭缝以放入所需圈数的铜带，铜带材料可以是铜或黄铜，厚1.6毫米，宽19毫米。它可以是短铜带焊在一起，或从无线电材料供应商处购买一长条。为了把带圈定位，用轻木条做的夹板固定在缝上。这样一来，铜带就不可能脱离位置。若需要，可在每条铜带端头外用一个接线柱，把接

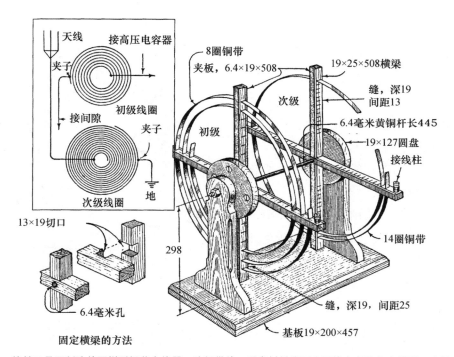

简单又易于制造的圆饼形振荡变换器。除铜带外，所有材料均可在无线电实验室中得到。（单位：毫米）

到电容器和天线的引线焊至标准螺线管夹。旧闸刀开关上取下的夹子能形成理想的接触。

· 用于电感器的终端开关 ·

采用终端开关把不用的电感线圈短路，常常能大大提高无线电接收设备的效率。图示的开关能加入设备中而不干扰现有的安排，费用也微乎其微。它由一片弯成图示形状的黄铜弹簧组成，在面板的背面焊到手柄轴上。把小黄铜片弯成直角，钻孔并固定在每一个触点螺钉头下面，给黄铜弹簧滑动片提供可靠接触。必须注意，每一接触片定位要正确，滑动片处于相对规则的开关触点的适当位置，以短路不用的电感线圈并能接触所有的接触片。

此开关能用于多点开关中，与各触点形成弧形，通过转动开关臂形成接触。

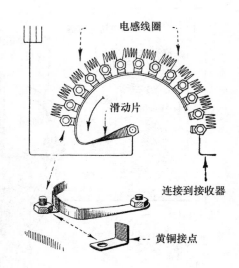

电感线圈

滑动片

连接到接收器

黄铜接点

· 制造高频奥丁线圈[①]和特斯拉线圈[②] ·

制造高频线圈很容易，大多数零件可以在普通的无线电实验室找到。大多数实验人员想要有一个奥丁线圈或特斯拉线圈，因为他们通常有其他必要的全部装置，例如变压器、高压电容器和旋转火花间隙，满足他们的这一愿望是比较容易的。

制造奥丁线圈时，需要152毫米×280毫米的硬纸板管作为次级管。将该管涂2或3层虫胶清漆。最后一层干后，在其上绕单层No.26双丝包电磁线。从距管上端13毫米处开始先把线固定，再引出约200毫米没固

[①] 奥丁线圈（Oudin coil）最早是由法国科学家保罗·玛丽·奥丁制作，是一种稍加改动的特斯拉线圈。

[②] 特斯拉线圈（Tesla coil）是由科学家尼古拉·特斯拉发明，用以产生高频高压的空心变压器。

定的线头用于连接黄铜杆。把线绕到距管下端38毫米处。在线圈起点及终点处的管上钻小孔，把没固定的线头穿过小孔拉出固定。线圈做好后，涂一层虫胶清漆，彻底干后再进行下一步。

制作图中所示的木盘配装在次级管的两端。下木盘用螺钉固定在底板上，上木盘中心打孔容纳导向黄铜球的黄铜杆。然后把上木盘装在管上。线圈的整洁盖子用178毫米的留声机唱片做成。把中心孔扩大容纳黄铜杆进入，在相对的几点钻小孔，用小圆头木螺钉将唱片固定在木圆盘上。

几乎在任何旧货店都能得到铜球，它的形状就是通常用于金属床架上的那种。

基板最好用硬木材料做，根据需要可抛光或油漆。把它架起，同

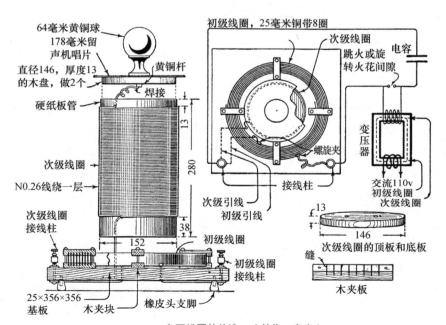

奥丁线圈的构造。（单位：毫米）

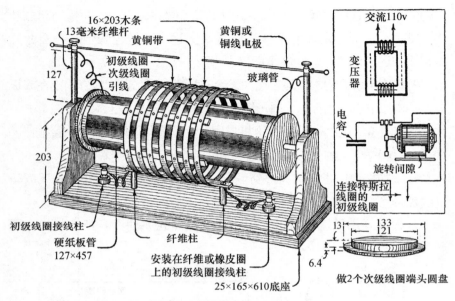

特斯拉线圈的构造。（单位：毫米）

时用橡皮头支脚绝缘。橡皮头装在木销钉上，每角一个。次级做好并连接后，制作者的注意力必须转向初级线圈，该线圈由8圈25毫米的铜带组成，用4个木夹板固定在底板上。这些夹板是开缝的，以便把各圈铜带互相隔开。把带螺旋夹的软引线连接到接线柱上，设备就做好了。用0.5kW变压器和常规的单一油浸高压电容器时，能从线圈拉出250—400毫米长的火花，线圈在电路中的连接如图所示。

　　特斯拉线圈的制造和操作都很简单。绕在硬纸管上的No.28单纱包电磁线构成次级绕组，127毫米×457毫米的硬纸管事先用虫胶清漆处理好。加上绕组后刷涂两层虫胶清漆，每一层都要干透。在距硬纸管两头25毫米之间绕线，在终端穿过纸管打两个小孔，导线从孔中拉出并固定。把导线打成环圈状并稳固于纸管后，线头引到接线柱并焊接。次级线圈的端头圆板加工后与纸管端口适配，在它们的中心钻容纳19毫米玻璃杆（或玻璃管）的孔，玻璃杆支承在端板的盲孔内。玻璃杆长533毫米；如果没有玻璃杆，同样尺寸的木杆也可以用。在支承线圈的端板的上边缘中心钻孔，放置13毫米的纤维杆。纤维杆的上端拧入次级接线柱，见图示。

　　7圈1.6毫米×16毫米的黄铜带组成初级线圈，各圈用木条或夹板固定并分开。用平头钉或螺钉把黄铜带固定在夹板上。将初级线圈的两端引出并固定在接线柱上，接线柱安放在硬橡胶或纤维材料的短柱上，从而固定在木底板上。固定在一条夹板上的类似的纤维短柱用来支承初级线圈，使它与次级线圈之间保持合适的距离。设备的木制零件用黄松木制作并涂黑沥青漆，尺寸见图示。铜线电极能穿过次级线圈接线柱前后滑动，以调节期望的跳火长度。这种类型的特斯拉线圈功能非常强大，用它可以毫无困难地做许多有趣的高频电流实验。使用这种线圈的电路要求使用与奥丁线圈线路图中同类型的电容器。

替 代 能 源

· 如何建造带有电指示器的风向标 ·

　　为了指示准确，风向标的位置必须很高，所以，通过直接观察风向标查明风的方向实际上常常是不可能的。用图2所示的设备，不用观察风向标本身就可以确定风向标的方位，指示设备几乎可以安放在任何地方，与风向标的位置无关。

　　该设备的工作原理就是惠斯通[①]电桥的原理。图1中由风向标控制移动触点A的位置。该触点在特制的电阻R上移动（图2）。第2个可移动触点B由观测者控制，在与触点A接触的电阻一模一样的电阻上移动。这两个电阻连接起来形成惠斯通电桥的两个主要分支。触点A和B与电流检测仪器（如检流计或电话听筒）连接，几节干电池供电。

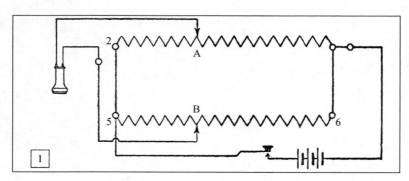

惠斯通电桥原理图，说明了平衡时各触点的位置。

---

① 惠斯通（1802-1875），英国物理学家、发明家，研究电学、光学和声学，发明了六角手风琴、可变电阻器和测量电阻的惠斯通电桥。

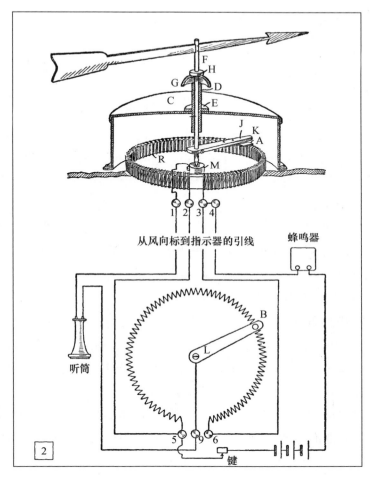

带有电阻线圈的风向标，以及其与指示器连接的线路图。

为了得到平衡（即没有电流流过听筒），触点A和B必须处在它们相关电阻上的对应位置。若触点A和B所对应的两个电阻安装在相对于罗盘基本方位的同一位置，那么在达到平衡时，触点本身也总是在相对于罗盘基本方位的同一位置。风向标上的箭头与触点A的位置对应，那么在没有电流流过听筒时，触点B的位置所表明的方向就是风向标指示的方向。

该设备结构中的主要零部件已在图中示出，下面的描述是提供给打算建造这一指示设备的那些人。

取厚1.6毫米、宽38毫米、长610毫米的两块硬橡胶板。把它们并排压紧在两块木板之间，把边缘与两头修平整，然后用三角锉刀在边上锉出小缝。这些缝以2.4毫米的间距分布。锉缝时要把两块硬橡胶板夹在一起，并在上面一边和右边端头做记号，以便它们能安装一致。再取少量No.20裸锰铜线。把它的一头穿过3或4个小孔后固定在橡胶板的一端。然后把线放在小缝中绕橡胶板绕线。绕线完成后，把末端线头与起始线头一样固定。用同样方法在第二块橡胶板上绕线，要确保每一次留的自由线头长度一样。取一个直径200毫米的圆柱体，把橡胶板浸在热水中使其变热后绕圆柱体弯曲，再冷却。

现在用高质量的马口铁板或铜板做一个与图2上方截面图类似的容器盒。盒的内径要比电阻环R的外径大25毫米左右，深约76毫米。如图所示，顶盖C可以做成弧形，用一些小机器螺钉把它妥善地固定在盒上。此盒的底要做得使整个设备能安装在杆的顶部。

在盒底的中心（图中M处），安装一段长约12.7毫米，直径6.4毫米，一头有圆锥孔眼的钢杆。用厚6.4毫米的硬橡胶做几个与图中所示类似的支承块，固定在盒子的周边支承电阻环。这些支承块的尺寸应该使得电阻环就位时，形成环的橡胶件两端互相靠上。环的上边缘应高于盒底约50毫米。

接着安装黄铜管D，它应严格地在顶盖C的中心并与其垂直。可以在顶盖焊垫圈E有助于固定管D。取一根钢杆F，配装进管D内且转动自如。把此杆的一头磨尖，另一头安装黄铜风向标。焊在垫圈H上的小金属杯G反转装在钢杆F上（见图示）。这将防止水沿钢杆进入盒内。金属杯G可以直接焊在杆上。做一个小黄铜臂J，并在其一侧接近外端处固定一片轻弹簧K。然后将黄铜臂安装在钢杆上，使其与风向标平行，其外端指示的方向也与风向标箭头方向一致。臂J上弹簧的自由端应足够宽，能盖住电阻环上相邻线圈之间的空隙。然后在盒内装4个接线柱，除了接线柱1以外，其他3个接线柱都要与盒子绝缘。接线柱2和3与绕线电阻的两端连接，接线柱4连接到接线柱3。

　　现在来做与刚才描述的装置大致相同的另一个装置，不同之处是它有一个平的顶盖，其上安有圆刻度盘，臂L由刻度盘中心的小手柄控制。触点B的位置可以在刻度盘上用细长指针指出，指针粘附在控制臂L的手柄上。

　　电阻相同的4条引线用于连接两个电阻设备，连接方法见图示。电路中放入的普通蜂鸣器将产生断续电流流过电桥电路，调节触点B直至电话听筒中听到的嗡嗡声最小时，电桥就达到平衡了。

·小功率风车·

　　图中所示的风车是一台总能面对来风又从不需要调整的风车。它的组成是：有几个轮臂B的轴A，装在B上带铰链的方形风帆。这些风帆最好由木框架覆盖帆布做成。它们用铰链D连接到轮臂的端头，这种连接方法使得它们在风轮的一侧对风产生阻力，而在另一侧它们顶着风向边上移动。风车轴可以在竖直杆上的轴承组中运动，轴的下端在圆锥轴承上转动，或者在轴承上采用轴承环将轴保持在适当的位置。功率可用齿轮或用皮带轮上的平皮带传输。

　　这种风轮不能高速工作，但是直接与水泵或其他工作速度不快的机械连接是非常有效的。

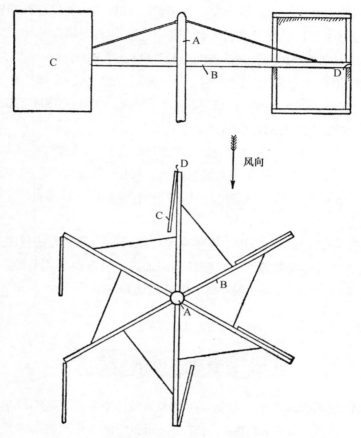

风向

用绞链连接到轮臂上的木框架风帆。

· 中功率风车 ·

图示的风车与普通风车有点不同。它不是玩具，其尺寸也与普通的农场风车不一样，它介于两者之间。在风力大时，它可提供足够的能量用于驱动洗衣机、小发电机、砂轮或其他家庭工场使用的设备。风轮的

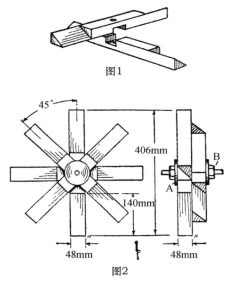

图1

图2

轮毂由2个部件组成，每个有用于叶片的4臂。

直径约1.5米，有8个叶片。总长度约1.8米。

该风车制造简易，成本也是普通少年能承受的。结构中没有一个部件在平常的手工训练工场中找不到。结构中最难做的部件将详细地介绍。设计的对称性及平稳性要特别注意，做的部件要尽可能轻，同时有一定强度和耐用性。

风轮　如图所示，风轮有8个叶片。一般说来，采用8个叶片就难以构建有足够强度的一个轮毂携带这些叶片。从公共中心辐射出如此多的叶片，几乎不可能为每一叶片提供一个固定件。为了提高最大的强度又使设计简单，在此风车的结构中采用两个四臂轮毂。通常的四臂轮毂制作简单，强度也好。用4块直纹橡木制作轮毂，每块长406毫米、48毫米见方。图1显示了每一对橡木块开槽啮合在一起的方法。每一交叉件末端的刀口斜面的方向如图中那样安排。如图示，

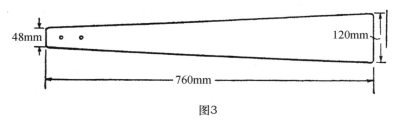

图3

轴的下端有装齿轮的水平轴，用于驱动皮带轮。

斜面是将木块切去三角柱形成的。

这样形成的两个轮毂安装在轴上，一个靠在另一个的后面，安放的位置要使得各臂在风轮四周空间均匀分布。这些细节可见图2。叶片（图3）用薄椴木或硬枫木制作，用两个9.5毫米螺栓固定到位。再打入几个角钉防止薄叶片弯曲。

齿轮组　此风车设计用轴和齿轮传递功率，而不用普通农场风车常用的曲轴和往复泵杆。用旧缝纫机头就可以。这一部件在旧货店或缝纫机代理商处能得到。机头从带有滑梭齿轮结构的底板取下；类似地将针

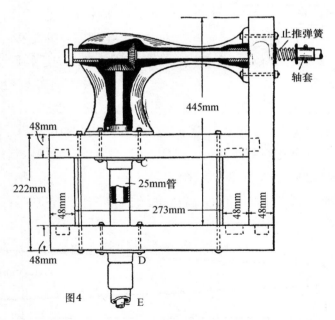

图4

支撑立柱支持机头，机头轴上有风轮和导向翼。

杆、压脚等从机头的前部连同面板一起拿掉。取出水平轴和齿轮，为替代的13毫米轴扩大轴承孔。轴长610毫米，在其外端攻丝200或250毫米用于安装将两个轮毂夹持到位的压紧螺母，见图2中的A和B。齿轮也钻孔，重新安装在新轴上。

支撑立柱用橡木制作，用镶榫接头，如图4所示。其宽度与所用的缝纫机头有关。可以根据需要稍微改变尺寸。机头用螺栓固定在支柱上。轴上安装轴套和止推弹簧（见图示）。轴套用黄铜管材制作，尺寸与轴形成紧密配合。开口销将轴套保持在确定的位置。轴套用作置于轴套和立柱间的止推弹簧的套圈。这种安排是作为缓冲器，吸纳加在风轮上的因风压力不同所引起的终端推力。

导向翼　必须要有导向翼使风轮任何时间都面对来风。它用椴木或硬枫木制作，如图5。它不是一整块，在板条之间留有空隙以减少风阻。要是不这样建造，导向翼易于在大风中折断。水平板条厚6.4毫米，垂直及交叉拉条厚9.5毫米，把导向翼连接到支撑立柱的长臂厚13毫米。

携带风轮和导向翼的支撑立柱必须随风向的改变绕垂直轴转动，此垂直轴用一根煤气管制成，在图4标出的C和D点穿过支撑立柱。用螺栓将普通的管接件（称为法兰）拴在这些点的框架上。支撑立柱下煤气管中的联轴节用作支承整个风车重量的固定轴环。导向翼应正确放置，使其与风轮重量平衡。

轴在管内穿过风车框架（图中E处）。轴的材料用9.5毫米低碳钢杆或锻铁杆就可满足要求，因为它不承重，只是传递扭力。采用的杆较粗时会使风车笨重而不易操纵。用9.5毫米管做的套筒把此轴的上端固定在从缝纫机头下面伸出的轴上。两个销子将轴与套筒固定在一起。

图6所示的装置在工场内安装在轴的下端。此装置的用途是提供可以装皮带轮或驱动齿轮的水平轴。用与前面所述类似的另一缝纫机头制

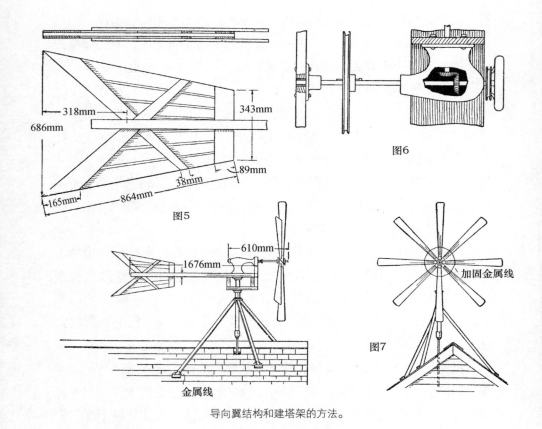

图6

图5

图7

加固金属线

金属线

导向翼结构和建塔架的方法。

作这个装置。机头锯成两部分，在适当的支架上安装。锯开两部分之间的间隙允许皮带轮固定在轴上，作为主驱动轮。缝纫机踏板推动的轮子可以成为很好的驱动轮。原来装在机头轴上的小手轮原封不动。这样安排就有了两种尺寸的驱动轮。缝纫机粗皮带将用来传递功率。

风车塔架可以用任何与环境适应的方式建造。50毫米见方的普通木杆就可以。用金属线把它们牢牢绑定并可靠地固定在屋顶上。塔架与风车的装置情况见图7。

· 简易滚珠轴承风速计 ·

　　风速计是测量风速度的仪器。气象部门使用的风速计由安装在两个水平杆末端的4个半球杯组成，这两个水平杆交叉成直角，支承在自由转动的垂直轴上。由于杯子的凹面对风的阻力比凸面大，引起设备以近似的与风速成正比的速度转动。杯子将旋转运动传递到轴上，轴与装在支承柱底下的刻度盘连接。刻度盘自动记录转数。复制这种记录机构是比较复杂的。这里不进行描述。本文要介绍一种用现有材料制作的风速计。安装在高楼

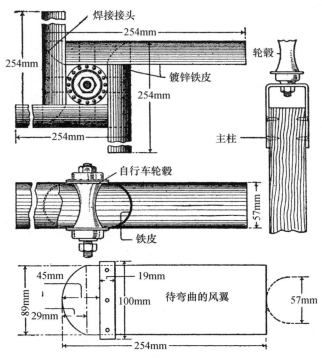

本风速计用镀锌铁皮，自行车轮毂和几个铁制零件制成，观察它的运动能使我们十分接近地估计风速。

上后，通过其转动速度的改变，指示相对风速，而不是实际的风速。

构建此仪器时，直接用盘状风翼代替空心杯。风翼的作用几乎与空心杯一样有效，且更容易与坚固的转动单元配合。自行车前轮毂用来组成耐磨抗噪音支承，摩擦很小。每一风翼用114毫米×254毫米白铁皮制作，其一头剪切成如图的弧形。用白铁工的铆钉将100毫米长、19毫米宽、1.6毫米厚的带铁固定在每一风翼上。把每一条制成槽状，边到边的尺寸为57毫米，这是自行车轮毂的幅条法兰之间的距离。直径合适的一些圆柱体将用作弯曲的靠模。把支撑条的末端放在辐条法兰之间，将它们牢牢铆紧。铆钉穿过辐条孔。要做一些试验，保证各部件安装的对称性。将每一风翼的弧状一头焊在相邻风翼的内表面。把一个锡帽（药膏管的盖子就可以）置于轮毂的上锁定件之下，阻止雨水进入轴承。

垂直立柱可以是结实木杆或一段铁管。25毫米×3.2毫米带铁做的支架用螺钉固定在立柱的顶部，它用于轮毂的连接。轮毂的上锁定件将其压紧在支架上。暴露的铁部件要涂一层金属漆。将整个装置安装在足够高的地方，使风可从所有方向吹到它。每一风翼一端的弧形部分是不规则的。它的精确建造涉及板金绘图知识。但是，若它由与图相似的模型制造，也足以符合良好焊接接头的要求。

· 电风速计 ·

该仪表的构造极其简单，任何一个业余爱好者都能制作。如果需要精确校准，可与放在同一风中的标准风速计比对校准，标上刻度。

指示器　指示器的盒子可用薄木板做（旧雪茄烟盒就行），长229毫米、宽152毫米、深38毫米。若用雪茄烟盒材料，首先必须把它浸在温水中去掉表面的纸。准备用盒盖时，就要穿透盖子加工一条圆弧状狭缝，以便显示下面的刻度尺。弧线的长度和形状由距指针摆动轴中心的指针长度决定。盒做好后用细砂纸磨光，并给其着色。

磁铁芯子的做法是：在尺寸合适的铅笔上裹几层高级书写纸，制成内径稍大于6.4毫米、长度为50毫米的管子。用胶将每一层纸与前面一层粘住。

两个法兰或圆盘安装在管子上，形成导线的绕线轴。圆盘从32毫米见方的薄木板上加工得到，穿过板的中心钻一个孔，使其可以牢牢地装在管子上。其中一个用胶粘于管子的一头，另一

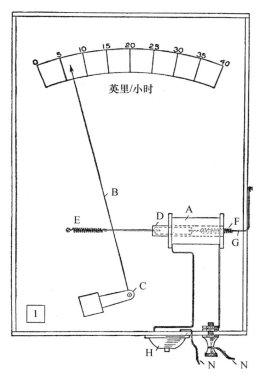

带有线圈、指针和刻度盘的指示器盒，用来与风速计连接。

个固定在距另一头13毫米处。圆盘间的空间用7层No.22绝缘磁导线填满，导线端头要伸出足够长，用于连接。完成的线圈置于盒中（图1的A处）。

线圈铁芯用一段直径6.4毫米的铁棒加工得到，长度为32毫米，两端均切割6.4毫米深的狭缝，黄铜片插入狭缝中焊牢，或用其他办法固定。黄铜片宽4.8毫米，一条长38毫米，另一条长19毫米。长条的一端钻2个1.6毫米的孔，短条的一端钻1个1.6毫米的孔。带有黄铜端片的线圈铁芯成品如图2所示。

图1中，指针B用铜线或黄铜线制造，长约152毫米，安装在C处的

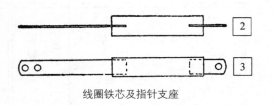

线圈铁芯及指针支座

轴上。指针支座的细节见图3。轴C是其中嵌入U形黄铜片的木块，能在作为轴承的无头钉上转动，中心穿孔容纳指针末端。将轴C的支座定位后，在适当位置固定轴C使指针上端或指示箭头能在整个刻度盘上移动。指针穿过铁芯上较长黄铜片的内孔后连接到支座上，线圈与铁芯按D处所示的方式配装。铁芯的两端装有轻黄铜卷簧E和F，后者与一根线相连，线的另一头系在盒外侧的平头钉上，用于调节。更好的替代装置是：将弹簧F的端头与一个螺母相连，用穿过盒侧板的滚花头螺栓调节。线圈的一条引线与仪表读数时要用到的按钮开关H连接。仪表的连接由一个接线柱和一个按钮开关组成。

风速计 风速计类似于一个微型风车，安装在建筑物顶上或支架顶上，完全面对气流。它与风车的不同在于：风轮被与滑动金属轴B配装的杯形圆盘A替代（图4），轴B支撑在主框架DD间的横梁CC上。主框架DD的另一端带有风向标。主框架厚13毫米、宽57毫米、长914毫米；横梁的宽度及厚度与其一致，长度为100毫米。

可变电阻线圈E固定在主框架上，其制作方法如下：此线圈的芯子是50毫米见方、100毫米长的一块木头，用No.18单纱包锌镍铜合金线绕

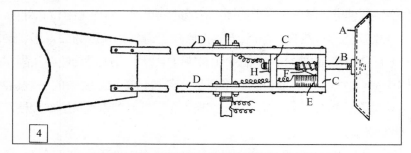

安装在立柱上的风速计，类似于小型风车风向标。

制。线包应在距芯子一头6.4毫米处
开始，距另一头6.4毫米处结束，长
度为89毫米。

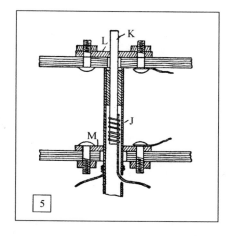

　　将线的两端绕在打入木芯的平
头钉上缚牢。线圈一侧的导线除去
一小部分绝缘，可用一块砂布或砂
纸做到。滑动弹簧接触片F与滑动
轴B连接，另一端紧紧压在线圈导
线的裸露部分上。在横梁CC间的
轴上滑行的卷弹簧的一端连接端头
横梁，另一端固定在滑动轴上，以保持轴和圆盘向外突出，并且当没有
气流加载在圆盘A上时，法兰H就靠在第二根横梁上。使风速计转动所
依赖的直立管柱与外界绝缘的方法示于图5。直立管柱J由一段13毫米的
管子制成，适合牢固地安装在建筑物或支座上。在这段管子的上端塞进
一木塞，使6.4毫米黄铜杆与外界绝缘。一块用作支承和电线连接的板L
用3.2毫米厚、50毫米宽和100毫米长的黄铜制造。以同法制造支承和电
线连接板M。从可变电阻线圈E（图4）两端引出的导线分别与电线连接
板L、M连接。从支撑管J和黄铜杆L上分别引出的线再与指示器上的两条
线连接。这些导线应是不受气候影响且绝缘的，如图那样连接，并延伸
至NN处（图1），将指示器和风速计连接。

　　线路中必须接入两个或多个干电池。要求读数时，压下按钮H（图1），
就有电流流过线路，从而拉动线圈中的磁芯D（图1），拉的距离与通过
线圈E中（图4）的电流所产生的磁力大小成正比，而该电流又与弹簧接
触片F被圆盘A上的风压带到的触点位置有关。

第五章
化　学

物质的相互作用

· 印度沙幻术 ·

这是印度人过去一直保密的众多幻术之一，他们曾因此而闻名。其做法是：把普通沙子放入一盆水中，再搅动水，然后从水中取出几把沙子，完全是干的。毫无疑问，没有事前的准备是做不到的。

取2磅银白色沙子，放在平底煎锅中用火将其好好地加热。沙子热透后，在沙中放入少许蜡（最好是石蜡蜡烛的成分），仔细搅拌直至完全混合，然后让沙子冷却。这种沙子放入一盆水中后再取出，看起来就是干的。关键是沙子上有少量附着物，使得观众检查沙子时觉察不到。涂敷在每颗沙粒上的油脂或蜡与水相斥，不让水粘附。

· 在屏幕上显示结晶过程 ·

化学晶体的形成能以下面非常有趣的方式显示：在玻璃幻灯片（或投影幻灯玻璃）上散布饱和盐溶液，使其在幻灯灯光或放大镜下面蒸发。所用物质可以是明矾或钠溶液，推荐用明矾。因为普通精制食盐会形成发亮的晶体，它强烈反射光。对于研究晶体形状的常规形成过程，采用大苏打（硫代硫酸钠）溶液。

以这种方式研究晶体可以知道许多令人惊讶的事，看着它们"生长"是非常有意思的，即使对于有经验的化学家也是如此。

· 樟脑实验 ·

把少许从树脂樟脑刮擦下来的粉末放入一杯水中，观察发生的现象。粉末将做各色各样的快速运动，好像它们是活的。一滴松节油或任何别的油就会使它们停止运动。此实验向你展示了油在水面上扩散得有多快。

· 幻影灭火器 ·

由于它们通常是看不见的，化学反应产生气体可能是一个神秘的过程，不过，简单的实验就能揭示所产生的气体的本质。试试做这个简单实验或用它在客厅表演魔术，它使二氧化碳（CO_2）的性质清楚地"显露"出来。

在小杯中放一茶匙烤热的苏打（1），加差不多一样数量的醋后，在杯子上盖一个茶碟或其他东西（2）。现在持一根有角度的硬纸板管，使其向下指向蜡烛的火焰（3）。打开杯子，将看不见的灭火物缓

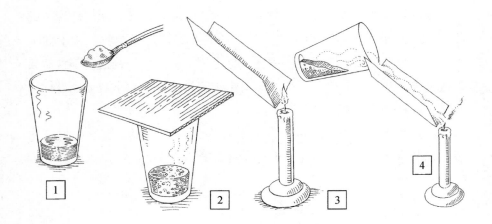

缓"倒入"纸板管的顶端（4）。你会发现火焰熄灭了。

为什么会这样？将烤热的"苛性"苏打与酸醋混合产生化学反应（你会看见泡沫），从而产生二氧化碳。盖上盖子后，气体被留在杯子中直至你把它倒向纸板管。它灌注到蜡烛顶端时，二氧化碳将火焰熄灭，因为它阻止氧气接近点着的灯芯。没有氧气，火焰不能维持，用这种幻影灭火器像表演魔术一样。

· 切断玻璃瓶内的细线 ·

此实验只能在有阳光照耀时做，它是一个很好的实验。取一个透明玻璃瓶，在软木塞的下端戳一根大头针。大头针上系一根细线，细线的末端系一个小重物，这样，软木塞就位时，细线就悬挂在瓶子中。

需要对细线做的全部事情是，拿一个放大镜使太阳光线直对细线。细线将很快燃烧，重物掉下。

放大镜聚集太阳光线。

· 快速结晶 ·

把150份硫代硫酸钠（大苏打）溶解在15份水中，将此溶液缓缓倒入已在开水中暖热的试管内，充满试管的一半。在另一玻璃试管中，把100份醋酸钠溶解在沸水中。将此溶液在前一试管顶部缓缓倒入，在上面形成一层而不使溶液混合。然后用一薄层沸水遮盖两种溶液并冷却。

在试管中放下一根金属线，在金属线的尽头固定硫代硫酸钠小晶体。晶体穿过醋酸盐溶液不会有问题，不过，一旦它触及下面的硫代硫酸钠溶液，结晶过程就开始，如图左所示。

硫代硫酸钠溶液开始结晶时，另一根金属线上悬挂的醋酸钠晶体放进上面的溶液中，如图右所示，这将如其他溶液一样结晶。

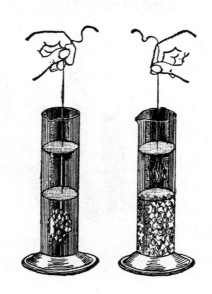

压　力

·　空气的物质性　·

我们知道任何气体是"某种物质"。当龙卷风袭来，把我们掀翻在地并破坏整个城镇时，空气（几种气体的混合物）肯定是"某种物质"。而空气曾经是如此神秘莫测，以至于几百年来很多学者都认为，不动的空气是"什么都没有"——就像空无一物的太空。生活在公元前450年的一个西西里岛的哲学家证明，空气即使没有运动仍是"某种物质"，其理由是，水不能流进已充满空气的瓶子，但若允许空气流出，则水能流进去。

你可以做这个实验，拿一个玻璃杯，开口朝下，再直接向下插入水中。玻璃杯内的空气将阻止水进入玻璃杯。使杯子向侧面稍微倾斜一点，使空气气泡能逸出。空气离开，水就充满杯子。你可以在水下用两个玻璃杯，将空气从一个杯子倒进另一个杯子。还有很多气体像空气一样是看不见、无味道且无气味的，难怪几千年来没有识别出这些气体，当感到它们的作用时往往以魔法来解释。

·　水的压力　·

由于水是液体，它可自由地向任何方向流动，向所有方向施加压力。对水平面下127毫米的茶壶侧壁的压力，与对深度127毫米处底部的压力是完全一样的。对倾斜堤坝底部的压力，与对像一堵直立墙的堤坝的底部压力一样大。

你可以自己了解水向上的压力，以及向下和向侧面的压力。方法是：在马口铁罐的底部冲一个小孔，将罐底部压入一盆水中。向上压力使一股水喷入罐内。若你将罐压进水中100毫米，进入罐内这股水上的压力，与你用水充满罐子，观察水从100毫米下侧壁上的孔中喷出的水所受压力是完全一样的。两种情况中，压力均是由100毫米水的重量引起的。一种情况是水在罐外压进，另一种情况是水在罐内压出。

茶壶中，壶嘴内的水的压力与壶嘴下面开孔处的压力正好平衡。但是，假如将一个柱塞装进壶嘴端并推压水，这将破坏平衡。这样做时，如果茶壶本来就是满的，水就会从顶盖溢出。假如顶盖是密封的，水就不能外溢。

此时，你的柱塞对壶嘴内的水以及壶内的水施加额外的压力。由于液体中的压力是向所有方向作用的，故此压力将作用于茶壶底部、侧壁以及向上作用于壶盖。若壶嘴的面积是6.5平方厘米，你在柱塞上加4.5公斤压力，很明显，所加压强为每平方厘米0.7公斤。同样明显的是，柱塞对壶嘴底部的压强，对壶内其他水的压强也将为每平方厘米0.7公斤。

· 潜水瓶 ·

这是一个非常有趣而又容易做的实验，它说明了液体传递压力的过程。取一个广口瓶并用水将其近乎充满，然后将小药水瓶或别的小瓶子瓶口朝下放入广口瓶中，小瓶子内的空气量要刚好使其能漂浮在水中。在大瓶子瓶口上盖一块橡皮，将其边缘向下拉过瓶颈，然后用一根细绳扎紧密封，在顶部形成紧绷的膜。

手指压橡皮时，小瓶子慢慢下降，直至压力解除时，小瓶子又上升。它的移动是通过水传递的压力引起的，引起小瓶子内的空气体积减

压力实验。

少，瓶子下降；压力解除时，随着空气增加到原来的体积，瓶子又上升。

也可以采用窄颈瓶做此实验，只要瓶子宽又不太厚。像上面一样把小瓶放进去，注意底部的空气不要太多。若软木塞调整合适，可以将瓶子拿在手中，用手指挤压两侧，使小瓶可以随心所欲地上升或下降。如果小瓶子是不透明的，可以增强视觉效果，使更多的人感到迷惑不解。

· 空气压力的力量 ·

即使在周围环境中看不见空气，但围绕我们的空气一直以强有力的方式推压我们。即使我们感受不到压力，但它确定无疑是存在的。有一个简单的方法可以证明这一点。

把普通玻璃杯用水充满至杯边沿。用塑料外卖盒或其他坚实的防水材料切出一个盖子，将其盖在玻璃杯的顶部。把它贴紧杯子的边沿，再将杯子反转。现在你的手离开盖子，看看发生了什么！塑料盖仍在原处，原因非常简单：杯外部的大气压力（包括所有方向上空气对塑料盖施加的压力）比塑料顶盖另一侧的水的压力大。可见这是很大的压力——即使你不能看见它。

· 模型蒸汽机 ·

下面的示意图说明了如何自制一个双缸单动、升降阀蒸汽机。

除了飞轮、轴、阀凸轮、活塞和连接专用框架上板和下板的连杆外，整个发动机是黄铜制的；其他部件是用铸铁和型钢制造的。

汽缸G用外径38毫米无缝黄铜管材制造。活塞H是用38毫米管帽加工成适配的塞子，并用油和刚玉粉研磨使其能进入汽缸。这一操作也用于汽缸内侧的精加工。

与顶板和底板固定在一起的直立杆用直径约3.2毫米的钢棒制造，刻螺纹进入顶板，穿过底板上的孔后在下面用六角黄铜螺母固定。

阀C和它们的座B用埋头钻镗孔，图中已示出。给直径为9.5毫米的

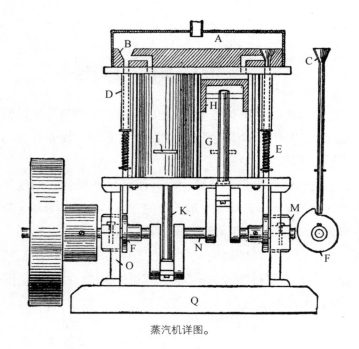

蒸汽机详图。

铜垫圈攻螺纹制作阀，再把它拧在阀杆的端头。用一块锥形焊料在上面大致擦擦，再用刚玉粉和油研磨使其能进入阀座B。

阀杆在用6.4毫米黄铜管材制成的导筒内运动。此管材穿过顶板插入有阀座和上部蒸汽通道的厚黄铜块，并焊在一起。图中示出了阀座和蒸汽通道的位置和安排情况，含有它们的扁平铜块焊在顶板上。

蒸汽室A用25毫米见方黄铜管材，锯掉一边，开口端与1.6毫米黄铜片配装并焊接。蒸汽入口是同与汽车上用的一样的汽油管连接。

操作阀的凸轮F用旧打字机压纸卷筒的金属端制成。加工成型一个后，将其与另一个面对面固紧，用来作为将另一个锉削成型的模板。用穿过轴套的固定螺钉连接在轴N上。

支承座O上的主轴承M和连接杆K的曲轴端头轴承是分离的，用机器螺钉把它们固定在适当位置，磨损时可取下。

废气的排出用狭缝I实现，I是锯入汽缸前部，在冲程末活塞顶最低位置上面约3.2毫米处。在此位置，阀杆落入凸轮切去部分并使阀到位。用弓锯、台钻、金刚砂轮、锉刀、螺丝攻及冲模等可以完成此发动机所需的全部工作。活塞的车削和飞轮的制造是例外，前者要在机械加工车间进行，后者则是拆下来的旧模型。底座Q用厚黄铜块制成。发动机工作平稳且速度高。用本生灯加热、容量约1.65升的黄铜锅炉供应蒸汽。

· 自制汽轮机 ·

制造汽轮机是学习涉及任何蒸汽驱动发动机有关原理的有效途径。开始时，采办如下物品：4.8毫米厚、100毫米见方的黄铜板；53支钢笔杆，柱身处宽度不超过6.4毫米；两个内径约108毫米的搪瓷（或锡）碟或盘；两个有3.2毫米孔的活塞；一根轴；一些厚6.4毫米的黄铜板；以及若干3.2毫米金属螺钉。

在4.8毫米厚的黄铜板上画出两个圆，一个直径是89毫米，另一个直径是70毫米。外圆是成品黄铜轮的尺寸，而内圆指出了准备切割的缝的深度。标出轴孔的位置和如图1A处所示的孔的位置。圆盘上的轴孔和孔A钻好后，它可用作钻侧盘C的模板。

把圆盘的边缘分为53等份，从边缘到线B画径向线，指出了缝的深度。圆盘上的缝用弓锯在径线上锯出。锯缝时用小台钳夹住圆盘。

从原料黄铜板切割圆盘时，要留足够余量用于锉削至准确的设计线。缝则保留在粗加工状态，有利于固定用作叶片的笔杆。笔杆插入狭缝中，将普通大头针压在笔杆内侧上并在边缘处把大头针折断，这样就十分牢固可靠(见图4)。

笔杆全部固定后，取两金属片，每一片直径约25毫米，厚0.8毫米，中心有9.5毫米的孔。用它们作为填充片，首先置于圆盘和侧板C之间的轴孔周围（图1）。然后用几个3.2毫米的机器螺钉把侧板固定，每个螺钉上用两个螺母。螺母应在输入阀门相对的一侧。轴孔也可锉成正方形，用正方形的轴，其两端锉圆以配合轴承。

圆盘壳套用两个搪瓷铁盘制作（图2）。它们之间用薄防火纤维衬边将它们拴合在一起，形成密封结合。在一个搪瓷铁盘边缘附近加工一个19毫米的排气孔。若你想把废气带离壳套，可将一根细管插入孔中6.4毫米。在壳套的内侧和外侧上穿过管子钻孔，插入大头针（图5）。绕外侧的大头针焊一圈以阻止蒸汽逸出。在搪瓷铁盘或壳套的最低点钻一个3.2毫米小孔用于排水。一个木塞作为柱塞。

若能得到金属盘碟（用有优质锡镀层的较厚材料做成的），构建壳套就比用搪瓷铁盘容易得多。钻孔容易，各部分能紧密地装配在一起。所有的缝和装配的周围表面都能焊接。

喷管用两个有3.2毫米孔的活塞制成。它们连接到9.5毫米供汽管。喷管应固定在与圆盘面成20度角的位置。在20度角的位置，若将喷汽端头锉成与圆盘面平行，则喷管或柱塞的效果就比较好。考虑到要有足够的运转空间，喷管与叶片之间的距离应为1.6毫米（图3）。

轴承用6.4毫米黄铜制造，用3.2毫米机器螺钉和螺母与壳套栓连，如图所示。每一螺钉上要放两个螺母。在汽轮机轴上滑装一段钢管，用机器螺钉和螺母将其固定（图6），这就制成了皮带轮。如果轴是方形

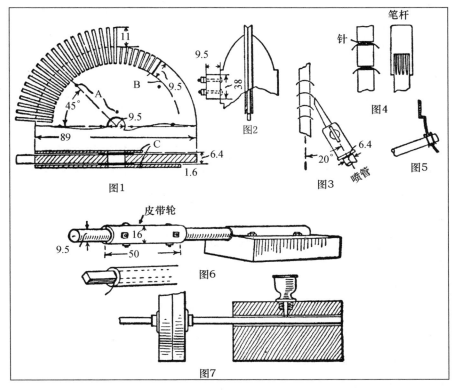

汽轮机明细图。（单位：毫米）

的，各部分就要焊接起来。

驱动轴应有长轴承。此轴上的皮带轮是用钉在一起的木块制成，其四周用线锯锯掉。法兰用螺钉拧紧在皮带轮上并与轴固定（图7）。

轴承是用橡木块做的，内衬厚白铁皮或厚镀锌层铁皮用作运转表面。优质细皮带把转动从汽轮机传递到大皮带轮。

· 自制水力发动机 ·

在现代生活质量不断提高的日子里，大多数家庭都装备了洗衣机。对于户主的问题是，如何为洗衣机的运转经济地提供动力。有一位户主制造了一台令人非常满意的发动机，他乐意在此介绍给大家。

这台发动机在由32公斤水产生的压力下能产生368瓦的功率。水压超过或低于此值时产生的功率相应增加或减少。在后一种情况中，采用较小的皮带轮时功率可能会增加。从图1可以看到一侧除去后的发动机，显示了桨轮的位置。图2是端视图。图3是一个桨，图4显示桨的成型方法。制作框架需要几段宽76毫米、厚25毫米的木料（最好是硬木）。截1.2米长的两段用作框架的主立柱AA（图1）。截0.75米长的一段做顶板B（图1），0.66米长的另一段做斜向部分C（图1）。根据C的倾斜程度，截约0.3米长的一段D。按图示把这些木段钉在一起后，再在出口处的每一侧钉两根短木条E防止框架撑开。

截0.76米长的两段，将它们置于框架的两侧，其中心线与距框架外顶板0.38米的直线FF一致。图2中它们显示为GG。现在不要把这些板固定，但要将它们的位置在框架上做出记号。宽25毫米、厚25毫米的两块短木板（图2，HH）及另一块宽25毫米、厚38毫米的木板（图2，I）组成坚实的基座。

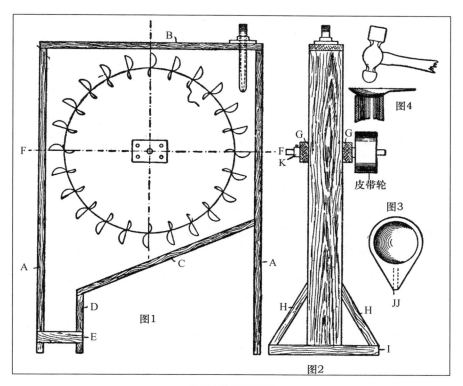

自制水轮机明细图。

用1.6毫米厚的铁板制作直径610毫米的水轮。这可以用锤子和凿子粗加工，然后在金刚砂轮上磨平。再用弓锯在其四周沿径向锯出24条深19毫米的狭缝。在水轮每一侧的中心处扣上厚13毫米、75毫米×100毫米的长方形铁块，并用4个铆钉将其与水轮固定。再在水轮的准确中心点处钻16毫米的孔。

加工24片0.8毫米厚、38毫米×64毫米的铁片。它们是制作桨的材料。把它们放在横断面直径为25毫米管子的一端，用锤子的半球形锤顶将其锤成碗形，如图4所示。然后剪切成图3所示的形状，沿JJ线将成锥形的一端折弯。把它们置于水轮的狭缝中，并将侧边弯折夹住水轮。穿过水轮和桨的侧面钻3.2毫米的孔，把桨铆在适当的位置。接着，把305毫米长、直径16毫米的钢轴用键固定在水轮上，固定的位置距一端约203毫米。在轴上加工一凹槽，在水轮上也加工相应的凹槽，配装一金属块保证水轮不会独立于轴转动。取两个有16毫米孔的套管或圆形黄铜件（图2，KK），用固定螺钉将它们固定在轴上，防止轴在长度方向移动。

用巴氏轴承合金（Babbitt metal）充满一根直径13毫米、长89毫米的镀锌管制作喷管。然后在其中心钻4.8毫米的通孔。使该孔成圆锥形，从4.8毫米到13毫米逐步变化。这最好用方形锥孔绞刀完成。然后将喷管置于图1所示的位置，这样，当桨到达最右边位置时，能使水流全部在中心处冲击桨斗。取侧横条GG，在中心处钻一个穿过其两侧的25毫米孔，再从顶部钻一个6.4毫米孔，深度刚好到达25毫米孔止，把它们固定在合适的位置。水轮和轴位置安装适当后，要注意轴穿过孔的伸出部分。现在把水轮封住，即用楔形木块或阻塞木块固定它，直到轴准确地位于侧边条25毫米孔的中心。切出4片套在轴上的硬纸板圆盘，大到足以盖住25毫米孔。其中两片在框架的内侧，两片在框架的外侧（即每条横档每一侧压一片）。用平头钉把它们与横档固定，稳固地保持不动。将熔化的巴氏轴承合金倒入6.4毫米孔中形成轴承。冷却后，除去硬纸板，取下横档，从横档顶部穿过巴氏轴承合金钻一个3.2毫米孔作为加油孔。

想办法获得足以覆盖框架各侧面的镀锌铁皮。把镀锌铁皮剪切成与框架相同的形状，并向下延伸到横档EE，固定在一侧。沿着镀锌铁皮下的边缘处增加一条厚织物形成水密封接缝是非常好的，织物用细麻布即可。把横档GG紧固在镀锌铁皮上合适的位置。以横档上的孔做导孔钻一个穿过镀锌铁皮的孔。然后将水轮放在框架的中间位置，将另一侧镀锌铁皮拼合至适当位置，再将另一横档就位。把前面提到的两个套筒KK放在轴上并紧固，以便压在横档GG上防止水轮和轴侧向移动。若轴承现已加油，轴的转动就轻松而平稳。把直径100或150毫米的皮带轮紧固在轴的最长臂上。

用一段软管把喷管与水龙头连接起来。把出水口置于排水管上，用皮带将该发动机与下列功率需求不超过368瓦的机器设备直接连接：洗衣机、缝纫机、制冰淇淋机、钻床、发电机或其他机械。

该发动机在上述各种用途中已经工作了两年，从没出问题，令人非常满意。很明显，如果用黄铜制作水轮及桨，它就更加耐用，不过成本会大几倍，最终是否更经济就成问题。若用铁皮，要涂一层厚漆防锈，延长发动机的寿命。

· 怎样制造汽笛风琴 ·

对于渴望探索流体动力学和声学的年轻科学家来说，制造汽笛风琴是一个非常有意思的项目。

制作此装置的要点如下：

取10个喷气阀，气量的调整示于图1，准备将它们放在一段长150毫米、直径为25毫米的管上。沿管子的直线钻10个孔并攻螺纹，每个相距25毫米。阀拧入这些孔中，如图2所示。用直径与喷气阀适配

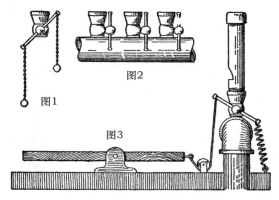

汽笛风琴明细图。

的管子制造汽笛。无法给出这些管子的准确长度，因为这必须通过试验得到所需音调才能确定。切割10段这种管子，每段长度均不同，与管风琴上的管子类似。在管子两端加工螺纹，一端放管帽作为顶，另一端安装一个塞子。塞子的侧面必须锉掉一小部分，再在管子侧面切出一槽口，槽口横边与塞子顶部在同一水平面上。每个汽笛这一部分的制作类似于在柳树青干上制作哨子。然后将这些管子旋入喷气阀中。

　　汽笛管音色的调节可用切去管子的一段，或用少许熔化的焊料填充顶部多次试验。安装喷气阀的直径为25毫米管必须一端用管帽，另一端与蒸汽管道相连。蒸汽可用旧锅炉供给，锅炉水平放置在用砖或铁皮建造的壁炉内。若用这种锅炉，应安装小型安全阀。图3清楚显示了键及阀的操作情况，这里就不多解释了。

· 小型水轮机 ·

　　用图示的水轮机（或水力发动机）能在常规供水压力下产生相当大的功率和速度，其细节可见施工图。各零部件结构简单，整机装配或拆卸方便。与发电机及其他小机械设备直接连接或用皮带连接均可。对于发电机来说，直接连接比较好。水轮用金属板制造，在其锯齿边缘装有曲线叶片。水通过机壳下部的开口进

去除了盖板的水轮机图，显示了进水口和排水口。

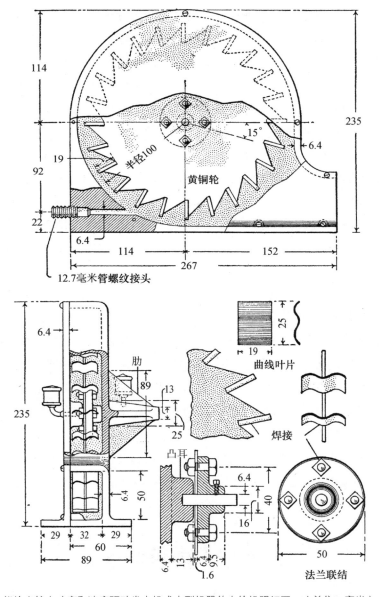

114

235

15°

6.4

19

半径100

黄铜轮

92

22

6.4

114

152

267

12.7毫米管螺纹接头

6.4

25

19

曲线叶片

肋

89

13

235

25

焊接

凸耳

6.4

6.4

50

40

16

29　32　29

60

89

6.4　13

6.4　9.5

1.6

50

法兰联结

能给出较大功率和速度驱动发电机或小型机器的水轮机明细图。（单位：毫米）

入，在相对一端出去进入排水管。机壳由两部分组成：主铸件和盖板。轴的支承铸入机壳中，在机壳背面用从中心辐射的径向肋增强稳固性。

为机壳制作木模，主铸件及盖板的木模分开铸造。盖板的木模应有支承凸耳（如截面详图所示），而且要有在底部形成支撑的角度。特别要注意给制造主铸件木模的准确图样留有容差。增强肋的边缘和机壳的侧面应稍微逐步变细一些，方便脱沙。尽管木模制造者的建议对无这方面经验的人来说是非常有帮助的，但许多机加工工人都熟悉这个过程。

各部件的加工和装配过程如下：清洁铸件并锉削粗糙部分；平整盖板及机壳使它们配合紧密，为8－32个机械螺钉钻孔并攻丝；钻轴承用的6.4毫米孔，通过轴承臂并进入盖板上凸耳6.4毫米；为3.2毫米管螺纹钻两个润滑脂杯孔并攻丝；钻6.4毫米喷口孔，再为12.7毫米管螺纹接头钻孔并攻丝。

设计1.6毫米厚黄铜水轮，在其边缘制作24个凹口。用法兰把水轮和6.4毫米轴联结，用固定螺钉固定。再用8－32个钢螺栓把法兰与水轮拴紧。用0.8毫米黄铜板制造曲线叶片，弯成详图中的形状，将边缘修圆磨光。把它们焊到适当的位置，用足够的焊料保证叶片曲线很好地固定。在法兰螺母上点焊几处使它们更牢靠。把轴两端置于刀刃支承上，在较轻的一侧加几滴焊料以使水轮平衡。这一点非常重要，因为，不平衡引起不应有的震动将使轴承很快磨损。

现在可以安装整机了。盖板与机壳间用虫胶胶合。用12.7毫米管子将水源与水轮机连起来。栓紧水轮机，不要让它空载时全速运转。

· 如何制造旋转泵 ·

依据在橡皮管中形成真空而使水上升充满真空的原理建造一个简易旋

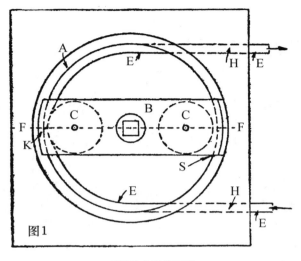

图1

侧盖除去后的泵图

转泵。图3、图4、图5显示除曲柄和橡皮管以外所需的全部零部件。给出的全部尺寸和说明是针对小型泵的，不过，较大的泵也可按比例放大建造。

穿过100毫米见方、22毫米厚的木块中心锯出一个直径73毫米的圆孔（图1、2、3中的A）。在此木块的每一侧再加工直径83毫米的较大圆弧，与第一个圆是同心的（图3）。将后一圆挖6.4毫米深，第一个圆保留9.5毫米宽的凸脊或轨道形状，压轮对着轨道压缩橡皮管E。从木块的一端向内圆边缘钻两个6.4毫米孔（图1，HH）。把橡皮管E穿过其中一个孔，沿轨道绕至另一个孔出去。注意轨道的断开处（S），这是把夹住压轮的部件定位所必需的。

图4是压轮夹具B。它用25毫米宽、79毫米长、厚度稍小于22毫米的硬木制造。在两侧板（图5）安装后压轮夹具B可在它们之间自由运转。在夹具上切两个槽，一端一个，深25毫米、宽12.7毫米。在这些槽中放压轮CC，它们在粗金属针上转动。这些压轮的直径应为19毫米。压轮安装在夹具中时，它们中心相距必须严格为50毫米，这样安排后，压轮边缘与轨道（图1，K）之间的距离就等于橡皮管压扁时的厚度。若压轮装得太紧，它们就会阻塞；若太松，就会让空气通过。在压轮夹具中间钻一个孔并插入曲柄销D，其直径约12.7毫米。曲柄销应紧密配合。如有必要，打入角钉防止滑动。

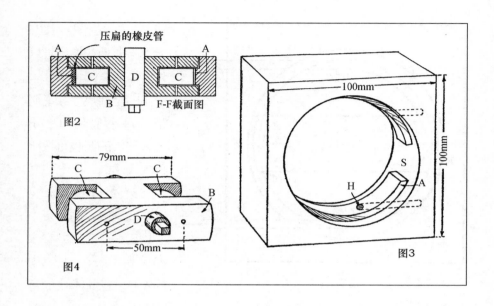

压扁的橡皮管

A　　　　　　　A
C　　D　　C
B　　　　F-F截面图
图2

79mm
C　　　C　　B
D
50mm
图4

100mm
100mm
S
H　　A
图3

在侧板（图5）内钻一个孔，曲柄销在其中能宽松运转。现在按图将所有部件安装在一起。在试验此设备，确信其运转平稳以前，不要把侧板固定得太紧。对于曲柄，可以用粗金属线弯成，但是，小铁轮比较好，因为它使运动的稳定性好。此时，手把必须与小铁轮边缘连接作为曲柄。从损坏的打蛋器中取下的驱动轮也很好。为了泵使用方便，应加一个工作平台。

使用泵时，在橡皮管中充水，将管子的较低端放在储水器中。用黏土烟斗柄的一端做管子另一端的喷嘴。然后从左至右顺时针转动曲柄。第一个压轮把空气压出橡皮管，产生马上被水填充的真空。第一个压轮在顶部放开皮管前，另一个压轮在

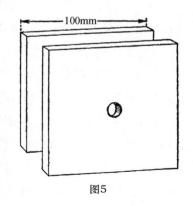

100mm

图5

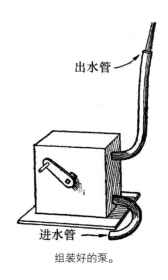

出水管

进水管

组装好的泵。

底部，此时把第一个压轮带上来的水往前压。若压轮运动正常，泵就会提供稳定的水流。610毫米长、直径6.4毫米的皮管是必需的。

真空的力量

业已证明，我们周围都是空气，空气施加恒定的压力。不过我们能创造出一个无空气的空间（同时压力也低得多），我们称之为"真空"。一些简易的实验向我们展示了真空的性质。第一个就是用鸡蛋和瓶子做的实验。

取一个开口玻璃瓶，其开口比你做此实验用的鸡蛋稍小一些。将鸡蛋煮老一些，把蛋壳剥去。现在请一个成年人把一张燃烧的纸放入瓶内，同时把鸡蛋塞到瓶口。突然，鸡蛋会砰的一声通过瓶口落入瓶内。鸡蛋对下面的真空直接做出了反应。由于火燃烧消耗了瓶内的氧气，瓶内开始形成真空。外部空气推压鸡蛋的压力比瓶内真空的压力大得多，所以鸡蛋就被推压穿过细小的瓶口。这实际是产生吸力的真空负压情况。取两个尺寸一样的饮水玻璃杯或铁杯做实验观察这种情况。用海绵或几层纸巾剪一个圆环，它刚好绕住杯子边沿。请一个成年人点燃一张纸后投入杯中，然后把另一个杯子的边沿压到圆环上。你马上就能向上提起两个杯子，好像它们粘贴在一起了。

纸张燃烧产生局部真空。圆环在玻璃杯之间形成不透气的密封，内部真空的压力弱得多，所以玻璃杯外部的空气压力就把它们压在一起了。

· 真空实验 ·

取任何一个煎烹用的内底表面平整的厨房用具（最好是普通的长柄

平底煎锅），倒入水至13毫米深。剪一张与煎锅底适配的硬纸板，在其中心剪出直径100毫米的孔。该孔比所用罐的直径小25毫米。把这个纸板放在水下的煎锅底。做此实验时用2升糖浆罐或糖浆桶效果最好，但用普通的西红柿罐头效果也不错。罐的边缘必须平整无缺口，这样能全部很紧密地置于硬纸板上。把罐底部朝上，均匀地覆盖硬纸板上的孔。在罐上放足够的重物，防止它在硬纸板上移动，不过不要太重，0.45公斤即可。

把煎锅及其内含物件放到加热炉上。不久，倒放的罐开始抖动。抖动最终停止时，将煎锅从炉上取下，小心不要移动罐。若希望尽快看到结果，在罐表面加一些雪、冰或冷水，直至侧面开始变平。现在抓住罐子可以提起煎锅及其全部内含物。当罐内完全是真空时，罐壁会突然坍塌，或者有时伴随很响的噼啪声从煎锅里跳起。

前面这些现象的原因是：硬纸板中的圆孔受到来自煎锅表面的直接加热。这个热量引起罐中空气膨胀，通过抖动而逸出。水和硬纸板起到了阀门的作用，防止空气再进入。热把罐内空气排出后，通过冷却形成真空，就得到了上面描述的这些结果。

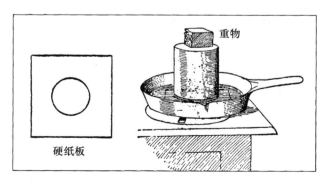

实验装置。

· 如何制作真空桶 ·

可用下法制作效果很好的真空桶。取3.8升糖浆桶作为外桶。1.9升糖浆桶作为内桶。用白铁皮做一个图示的套圈，其上有一些突出。把套圈内圈及外圈的这些突出向下弯。然后把套圈焊在大桶的内部，小桶焊在套圈的内部。焊接时要保证焊接处有完美的气密。这就在内桶四周形成具有气密空间的双层壁。为了制造用于桶的真空盖，针对内外桶的尺寸分别取两个盖子并把它们焊在一起（见图）。

为得到真空，在形成套圈的金属中钻一个小孔，每一盖子上也钻一个小孔。在每一个想做成真空的空间中滴入几滴水，将各部件加热。当蒸汽逸出时，立即把小孔焊死。这样，在内外桶之间的空间和两个盖子各自的空间中产生了局部真空。效果很好的一个真空桶就做成了。

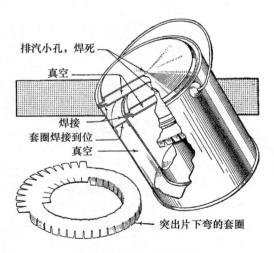

排汽小孔，焊死
真空
焊接
套圈焊接到位
真空
突出片下弯的套圈

有盖双壁桶，形成局部真空。

· 把硬币贴在木板上 ·

取一枚硬币，对着垂直木板表面
（如书架的侧面、门的装饰面或门板）
平放，用力击打并向下滑动，再对着木
板表面按压它。把手拿开，硬币将停留
在木板上。击打及按压赶走了硬币与木
头间的空气，形成的真空足以保持硬币
不动。

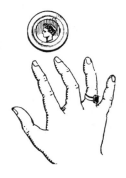

H₂O 的 性 质

· 水的奇妙工作方式 ·

水确实是一种不寻常的物质。其行为既像气体又像固体。它是一切生命的基础，没有水我们无法生存——实际上，人的身体大部分是水。然而，若我们全部都由水组成，我们的身体就不能结合在一起。让我们观察几个说明水运动性质的实验。

第一个实验，需要几个广口大瓶子，使得一个瓶子与另一个瓶子口对口时能保持平衡。用热水充满底下的瓶子，并用你喜欢的食物色料将水着色。

再用冷水充满另一个瓶子。剪一片塑料大圆板（或层压硬纸板），将其置于盛冷水的瓶口上。把瓶子倒过来，直接放在盛着色热水的瓶口上。当两个瓶子口对口平衡时，将圆板抽走。

你会看到一些奇异的现象。有色热水开始向上浮，进入上面的瓶子，同时冷水取代其在下面瓶子中的位置。这是因为水像大多数液体和气体一样，受热时，分子运动加快而占有更多空间，热水的密度实际上比冷水低，重量也轻。这样，在两个瓶中，冷水比较重向下流动，比较轻而密度低的热水被迫上升。

水的另一个有趣现象是其表面张力。尽管水看起来似乎是非常柔软，静止的水实际上沿其表面有一层张力"皮"。为了测出这一点，用水把饮水玻璃杯大致充满。然后将上面有一个回形针的一小张纸巾轻轻地放在水的顶部。纸巾吸水变重时将沉到玻璃杯底部。不过，表面张力将保持回形针停留在水表面。但是若你把回形针丢入水中，将会看到它沉到玻璃杯底。

· 冰水实验 ·

有关热的一个有趣事实是，当要改变某种材料的状态时，需要大量的热把分子拉开到足够远以产生新状态——如固体变为液体，或液体变为气体。另一方面，气体变为液体，或液体变为固体时，因分子被压得更近而有大量热放出。

这就解释了为什么冰是很好的冷饮。不过，为了进一步说明这一问题，我们需要下述定义：把1磅水温度升高1°F所需的热量称为英制热量单位，或BTU。

若1磅冰的温度是31°F[①]，低于冰点1°F，1BTU热量将把它的温度提高到32°F。如果你再加1BTU，情况又如何呢？不是温度继续升高，而是部分冰融化，得到的水的温度仍是32°F。事实上，你必须加144BTU热量才能融化这磅冰（这些热量足以使同样重量的水温度升高144°F！）。需要这么多的热量才能使分子分开足够远以改变物质状态，从固体（冰）变为液体（水）。这磅冰融化后得到的水温仍然是32°F。

但是，状态改变后再加1BTU，水温就升至33°F，如此等等，一直到沸点212°F。

现在涉及另一种状态改变，从水到水蒸气。在一个开口容器中，不管对沸水加多少热量，我们无法使其超过212°F。厨师应明了这一点，从而节省燃料费。刚好足以保持茶壶稍稍沸腾的小火焰能与使水激烈沸腾的大火焰得到同样温度的热水。若你有合适的温度计，可以自己试试。多余的热量仅仅增加更多微粒的振动，以致它们分开更远，成为气体，进入空气中。不过，把这一磅水变成蒸汽要970BTU，是把这一磅

---

① 符号"°F"用于表示华氏温标的温度。华氏温标是由德国物理学家华兰海特制定的，规定在一个标准大气压下，纯水的冰点为32°F，沸点为212°F，它们之间均匀分成180份，每份表示1°F。

水从冰融化后的温度提升到沸点所需热量的5倍多。在融化过程中，冰从周围环境吸收所需热量。它从水中取得热量从而冷却你的饮料。把等量的室温水放进两个盆中，然后在一个盆中放1磅冰，另一个盆中放1磅冰水，你就会发现非常有趣的现象。用温度计你将看到，冰在盆中冷却水的效果比冰水在另一个盆中冷却水的效果好得多。原因是显而易见的。在融化过程中，1磅冰从水中抽走144BTU热量变成冰水。然后，它作为冰水继续吸收热量，直至盆中的水全都达到同一温度。

· 冰的特有性质 ·

在所有做雪球的孩子中，可能很少有几个了解在这过程中发生了什么。在常规情况下，温度降到0℃时，水转化为冰。但在运动中或在压力下需要更低的温度才能使其成为固体。同样地，比冰点温度低一些的冰被加压时能成为液体，且保持液态直至压力解除，此时它再次恢复其初始状态。雪（就是很细的冰）在被手挤压时变为液体。压力解除后，液体部分固化并将所有颗粒结合成一团。在特别冷的天气，几乎不可能做雪球，因为把雪液化要求很大的压力。

图1、图2、图3所示的实验很好地说明了在温度恒定而压力不同时的融化与冻结过程。图1中，冰块A用箱盒BB在两头支撑。一个重物挂

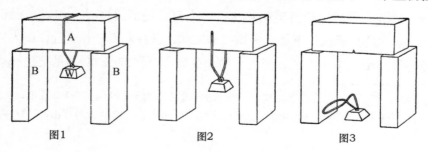

图1　　　　　　　图2　　　　　　　图3

在金属线环上，金属线环绕过冰块（如图示）。线的压力将使冰融化，线就穿过冰下沉，如图2所示。线将继续切冰而过，直至其通过全部冰块，如图3所示。此实验不仅说明了在压力下冰融化，而且说明了压力解除后如何重新固化，因为在金属线穿过后，冰块仍是完整的一块。

冰的另一个特有性质是其流动倾向。冰像水一样流动似乎很奇怪，但在瑞士和其他国家的冰川简直就是冰的河流。在山上巨量累积的雪在其自身重量的巨大压力下转化为冰，通过其在岩石中形成的天然沟渠流动，到达下面山谷而停止。穿过这些沟渠的流动过程中，它常常绕过弯道前行。当两个分支会合时，冰体会像水在同样情况下那样结合在一起。冰的流动速度常常很慢，有时一天仅仅0.3或0.6米。但是，不管运动多么慢，巨大的冰体还不得不在运动中弯曲。冰的这一性质很难用物质自身来说明。不过，可以用密封蜡清楚地显示这一点，密封蜡在这一方面与冰很相似。用手试图弯曲一段冷密封蜡的结果是将其折断，但是，把它放在两本书之间，或把它支撑起来，它就会从起始形状A逐步变化，呈现在B处所示的形状。

· 以冰取火 ·

取一块非常干净的冰，放在你两手的凹陷处融化以便形成一个大透

成型前　　　　成型后

形成冰透镜。

镜。图中说明如何做到这一点。用透镜形状的冰像用阅读放大镜一样，将阳光直接投射到纸张或刨花上就能点火了。

· 金鱼在鱼缸间转移 ·

按图所示，我们来做一个引人入胜的有趣实验，它能使金鱼从一个金鱼缸转移到另一个金鱼缸。取一个没有鱼的金鱼缸，向缸内灌水至与有金鱼的鱼缸水面高度一致。取一根大直径玻璃管，在预定要弯的地方加热，然后慢慢弯曲成延伸的"U"形管。U形管冷却后用水灌满，在每一个金鱼缸里放一头。即使管身高于两个鱼缸的水平面，只要两鱼缸中的水在U形管端头之上，水仍会保留在玻璃管中，金鱼就可以游到另一个缸中。

金鱼通过玻璃管从一个鱼缸游到另一个鱼缸。

第六章
物理世界

奇妙的声音

· 声学 ·

声音只不过是扰动空气的振动。这就解释了为什么如外太空一样的真空中没有声音，因为那里没有空气传播振动。探索声音是如何产生的有多种方法，这里谈几种。最基本的声学实验用到一段0.6米长的薄废木料（如废篱笆板条）和结实的桌子。用手把板条的一头固定在桌子上，另一只手去打击板条伸出桌外的一头。你就会听到振动，而且也能感觉到正在产生声音的振动。再将板条向桌子中心移动，外端靠近桌边。移动板条时，就改变了振动的音调。注意声音如何变化。

取一音叉并将其轻靠在桌子边上。你就会听到音叉连续发出的乐音，因为金属是极好的振动传导体，它能维持同一振动相当一段时间。若你轻叩音叉后将其轻轻靠上手指（太重时振动会停止），你会感觉到振动频率，十分像有节奏的脉动。这就是振动如何影响你的听觉。振动频率越高，声音的音调就越高。

你还可以做其他的声音振动传播实验，例如拿音叉靠近玻璃杯。玻璃杯传播振动，改变振动 "波"的音调或频率。现在将水加入玻璃杯并重复该实验，你能注意到频率已发生改变，因为传播体的密度高了。在玻璃杯中加各种不同的液体和固体物质，你可以做自己的声学实验，确定这些物质是如何影响声音振动的。

· 传播声音 ·

如果拿一个充满热水的瓶子或充满水的气球靠近你的耳朵，再拿一

块表靠近水瓶或气球的另一边，你将听到由水传递的嘀嗒声比空气传递的要好得多。

还有更简单的实验。大家知道头骨的密度比头周围的空气高，或比覆盖骨头的肌肉高。根据上述的道理，你可预计，声音通过脸颊传播比通过空气更佳，而通过头骨又比通过脸颊好，因为骨内粒子更紧密。

拿一支铅笔，刮擦铅笔的一头使其发出声音，注意刮擦声有多大。现在将你的嘴唇靠近铅笔头的上方，刮擦另一头，但不要让你的牙齿接触铅笔。你将感到声音大一些。此时声音除了通过空气，还通过你的嘴唇与脸颊到达耳朵。然后将牙齿紧压在铅笔头上，分开嘴唇，再刮擦铅笔另一头。声音就更大！声音现在是通过你的牙齿进入颅骨，再传到耳朵。为了使你了解差别有多大，你的牙齿先压住铅笔，然后将铅笔拉出，直至其既不接触嘴唇也不接触牙齿，在整个过程中一直刮擦铅笔的另一头。当铅笔从口中拉出时，你是通过空气听到声音。当你的牙齿压在铅笔上时，你是通过更好的声音导体——骨头听到同一声音。

· 电话实验 ·

将附图所示的小装置固定在普通餐桌的底面后，如果与电话线路连接，它会使桌子振动，耳朵平贴在桌子上的任何人都将听到远处讲话人的声音，声音明显是从桌子传出来的。

取一小块约125毫米见方的木块A（图1），其中心连一小段长100毫米软铁丝，铁丝的下端弯成钩形（图中B处）。铁丝与木块A连接（图2）。铁丝的端头焊在小黄铜片上，此铜片放在木块中，使其与木块上表面处于同一水平面，然后用两个螺钉固定。小线圈C用No. 24丝包或纱包线绕一根小管子（如玻璃管、麦秆或羽毛管）绕制而成。线圈做成如图示

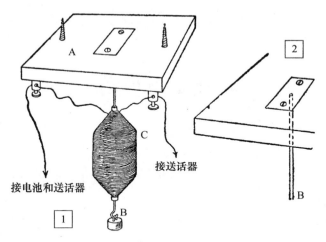

桌子传递声音。

的锥形，不用木端头。铁丝B要在与小黄铜片焊接前穿过此线圈。线圈两端连接到固定在木块A上的两个接线柱。55或75克的铅锤挂在铁丝B下端的钩上。完成图1中与普通电话的送话器及电池的所有连接，且木块固定在桌子下面后，这个装置就可使用了。即使没有铅锤，此装置在某种程度上也能工作，不过声音不大清晰。

可视的世界

· 光波是如何传播的 ·

如果你把绳子的一头系在一根柱子上，再抖动绳子的另一头，你就会看到沿绳子移动的横波（类似光波）。绳子本身没有任何部分移到另一端，只是波在移动。你可以在任何方向抖动绳子，制造与绳子成直角的所有方向的振动波。

类似地，从太阳或灯射出的光也在与光线方向成直角的所有方向振动。

回到绳子。若把绳子穿过某种上下缝，并在所有方向振动绳子，此缝使侧方向振动停止，仅让绳中的上下振动通过。缝远侧的绳振动类似于偏振光。偏振光仅在一个平面内振动。光能被某些自然晶体偏振。它们的作用与绳子穿过的缝是一样的。在将光偏振的玻璃中，就有此类人造晶体薄膜嵌入其中。晶体能形成一系列靠得很近的精细线条。

再回到绳子。若采用两条分开一段距离的上下缝，第一条仅让上下振动通过，第二条也让它们通过。但如果你把第二条缝侧转，这条缝就会使通过第一条缝的上下振动停止。绳子通过第二条缝后就完全没有振动。

· 眼睛如何对光起作用 ·

假定我们了解了光进入眼睛之前的有关光的所有知识，我们仍然不知道有关"看见"的每一件事。与声波在耳朵和脑中的情况一样，"看见"是因为来自外部的光波被眼睛接收，再被大脑解释作为视觉。到目前为止，我们实际上对大脑如何给我们这一感觉一无所知。确实，我们对眼睛的了解不完全，但我们充分认识到眼睛是一个非常奇特的工具。

光进入眼睛，正对眼后壁形成倒像。大脑通过神经纤维解读从眼后壁得到的信号后，将图像转为正立。若我们看到的东西如它们实际出现在眼中的那样，任何东西看起来都是颠倒的，除非你头朝下行走。

你可以非常容易地制作倒转的图像。将磁带（或黑纸）窄条贴在房间周边落地灯灯泡的侧面，形成"T"字。用针尖在一片纸上刺一个小孔。拿住这张纸，使光通过小孔照射到相距不远的另一张白纸上。在第二张白纸上将看到灯泡及"T"的图像，不过，"T"的图像是颠倒的。

光以直线行进。从灯泡顶部来的光线通过你手中纸张上的小孔直线行进，到达在第二张纸上形成的图像的底部。从灯泡底部来的光线通过小孔形成图像的顶部。所以图像是颠倒的。

· 杯中硬币实验 ·

硬币-水杯幻术是世界上最古老的一种小把戏。把一枚硬币放在杯底，人后退到杯沿刚刚使硬币从视线中消失。保持你的眼睛在同一位置，并把水倒进杯中。硬币就奇迹般地显露出来。

古希腊天文学家托勒密是众多坚信光线以直线行进的人之一，他差不多在1800年前就对上述现象做了说明，推断光从水中进入空气时弯曲了。

你看到的任何东西或是光源本身（如灯泡），或是反射了从某个源头来的光。光本身是看不见的。你在暗室中看到一束边缘清晰的阳光，或在电影院中看到电影放映机的光线，这仅仅是因为光被空气中的尘埃粒子反射。若光束通过没有任何东西的空间，你是看不到它的。这说明了为什么太空是黑的。即使在高空飞行的火箭动力飞机上，飞行员仰望的天空也是黑的（缺少可见光），而不是蓝色的（飞行高度较低时光被空气中的粒子反射引起的颜色）。

所以，我们直接往下看能看到空杯子底部的硬币，因为硬币将阳光或灯光反射至我们的眼睛。光线是直线行进的。因此，我们的眼睛朝一侧移动一段距离后，就看不见硬币了。

但杯内充满水时，光线以直线从硬币反射，在水面发生折射而到达杯子的边沿后进入我们的眼睛。由于光线已进入我们的眼睛，我们就看到硬币了，就像我们在杯子上方拿一面镜子反射光线，将光线反射进我们的眼睛一样。

· 如何制作日光反射信号机 ·

部队中使用的日光反射信号机提供了通过反射太阳光发送信息的好方法。山上有用日光反射信号机远距离发送信息的基站，向导带着它们，在困难或发生事故的情况下使用。无线电报用电通过空中发送信息，但日光反射信号机通过光闪发送信息。

日光反射信号机的主要部件是镜子，它约25毫米见方，固定在木框架上，可在耳轴上摆动。耳轴由两个方头螺栓制成，每个螺栓的直径为6.4毫米、长25毫米。用13毫米宽、76毫米长的黄铜带将耳轴与镜片框架牢牢固定。在铜带中央钻孔容纳螺栓，然后在铜带两端钻孔用螺钉将它们固定在镜片框架上。图1清楚地显示了这一结构。在镜片框架背衬中央钻一个通孔，再在玻璃镀银层刮出一个直径不大于3.2毫米的小洞。若耳轴对中良好，小洞应正好与它们在一直线上，并处于中间。

U形支架用厚9.5毫米、宽25毫米的木条制成，直立长度为89毫米，

晴天，少年们在两地间用日光反射信号机闪烁日光发送信号，在眼睛能看到光线的距离均能接收信号。

连接它们下端的横条比框架宽度略微宽一些。在拐角处用角铁把它们装配在一起（图2）。每一立柱的上端加工一条38毫米深、6.4毫米宽的狭槽，容纳镜片框架上的耳轴。螺栓一头拧进螺母，把立柱上端与镜片框架上的铜带紧紧夹住。底部横条用38毫米长的螺栓固定在底板上。此螺栓孔要精确地在镜中的窥孔下面并穿过底板，底板厚19毫米、宽50毫米、长250毫米。

底板的另一端放一根瞄准杆，其制作方法如下：杆的直径为13毫米，长度是200毫米。在上端安装一片厚的白卡纸板，该卡纸板头部为直径6.4毫米的圆盘，主体是长25毫米的纸条（图3）。杆置于底板一端的13毫米孔中（图2）。为使杆不在孔内滑动，用小螺栓和放置在底板边缘内的螺母固定（图4）。

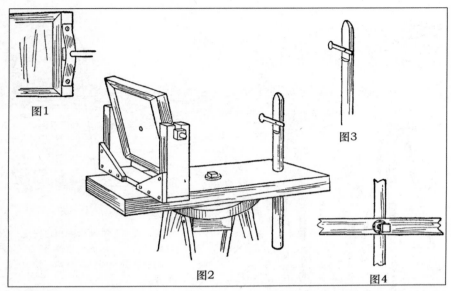

图1

图2

图3

图4

镜子和瞄准杆的明细图，它们放在三角架上的底板上，调节整个装置使其能在任何需要的方向反射太阳光。

　　如图5所示，一个直径127毫米、中心有孔的木圆盘，下边钉三块25毫米见方、50毫米长的木块就成了三脚架头。三脚架的腿用9.5毫米厚、25毫米宽，1.5米长的轻巧木条制作。两条钉在一起（留下顶部0.5米的一段不钉）构成一条腿。没钉的上端分开，夹住三脚架头部上的木块。在每条腿的上端钻孔，能松快地装入钉进木块端头的无头钉（图6）。

　　快门安装在另一个三脚架上，如图7。用硬木切割出两块板条：9.5毫米厚、64毫米宽、150毫米长，再将这些板条的两边削细至7.6毫米。把小钉子打入板条的两端并锉去钉子头，使得突出的一头形成板条的耳轴。用厚19毫米、宽64毫米的木条做一个框架，框架中间的开孔为150毫米见方。把框架钉在一起前，在侧立板上钻孔用于容纳板条的耳轴，从而板条在框架内可以转动。这些孔相距44毫米。然后把框架钉在

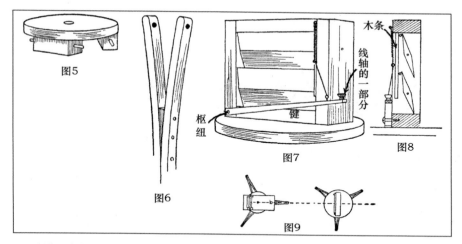

制作三角架及闪光快门的部件明细图，图中示出了引导光线穿过快门的三角架位置。

一起，并将它钉到三脚架顶部。快门用一个类似于电报键的键控制。此键的构造见图7。线轴的一部分固定在绕框架另一侧上的枢轴转动的杆上。用一木条将键与框架内的板条连接，杆上连着卷簧，如图8所示。当按下键时，木条带动板条翘起，从而光线可以从空隙间通过照在镜子上；当松开键时，板条落下，没有光线能照在镜子上。图9说明了仪器安装好后能通过快门使阳光一亮一灭时，两个三脚架的位置。光闪信号用常规的电报码。

调整仪器时，首先向下转卡纸盘露出瞄准杆尖头。然后通过镜子上的孔瞄准，调节瞄准杆使得其尖顶正好与接收站在一条直线上。仪器瞄准好后，快门直接置于其前方，向上转卡纸盘盖住瞄准杆尖头。然后转动镜子，使其反射一束阳光，若阳光反射到白纸上，在中心有镜子窥孔形成的一个小黑点，将此小黑点对上卡纸板圆盘的中心。用下述方法很容易将此黑点调整到圆盘上：在镜前拿一张150或200毫米见方的纸，跟随纸上的黑点调整直到其到达圆盘为止。用操纵电报键的同一方式操纵控制快门的键，就造成闪光。

· 如何发现眼中的盲点 ·

在一片卡纸板上做直径13毫米的一个小黑圆点，距此圆点中心约75毫米处画一颗星。拿住卡纸板使得星直接在一只眼前，黑点在另一只眼前。若星在左眼前，闭上右眼并在你移动卡纸板时盯着星看，直至黑点消失处。这将证明人眼内存在盲点。将卡纸板反转，用另一只眼可做同样的实验。盲点不是说眼睛有毛病，仅仅表明光学神经从该处进入眼球，该处没有称为视网膜杆和视锥细胞的必要视觉末梢器官。

· 光学投影① ·

幻灯的最早记载，见于一个17世纪居住在罗马、名叫基尔希尔（Kircher）的著作中。基尔希尔用大木盒制造了一个灯笼，侧面有一个放透镜的开口，他用这个幻灯产生怪异的图形，引起观众的敬畏和惊奇，他们完全不能理解幻影是如何发生的。一些权威把此发明的荣誉归于这个耶稣会会士；另一些则倾向于认为，他不过是重新发现了一个老发明，该发明可追溯到在16世纪的佛罗伦萨雕刻师切利尼（Cellini）的著作中。情况也许如此，不过，基尔希尔的著作中首次出现"幻灯"一词的记载，以后就这样使用了，现在它的确是最常用的术语了。

自此以后，人们对幻灯的了解更深，使用也越来越普遍。但奇怪的是，长期以来没有把它当作科学仪器，仅仅是用作玩具，再现动画影片

① 本文介绍的情况发生在一二百年前，非今日的现状。

使孩子们高兴。约60年前，开始认识到它用在教学上的重大价值，随着摄影科学的进步，幻灯的使用越来越普及，时至今日，没有幻灯的任何学校、大学或技术学院都不能认为是现代化的。

尽管本文谈论幻灯的内容仅仅是关于用玻璃幻灯片产生静态图像，但我必须提及称之为"动画片"的摄影术令人惊奇的进展，从而可以用幻灯在屏幕上再现实际发生的事件。我们现在正处于这种娱乐形式大发展的起点。所谓"电影院"正在人们认为值得为之花钱的每一地区迅速出现。

幻灯包含三个要件，我们将简要地加以说明。这三个要件是：（1）光源，（2）聚光器，（3）物镜。

各种光源　首先要考虑的是光源，它是三个要件中最重要的。即使聚光器和物镜的光学性能是完美的，如果没有与它们配合的高亮度光源，仍然是没有用的。各种各样的光源综述如下：煤油灯、酒精白炽灯、煤气白炽灯、乙炔喷灯、聚光喷灯、氢氧混合喷灯（或是两种压缩气体，或是氧气连带乙醚饱和剂）、电灯、电弧灯。因为这样必须专门给教室提供电源。

直至近几年前，还只有煤油灯和聚光灯是有效光源。在没有煤气和电灯的乡村地区，仍然可以看到在用斯托克斯（Stocks）4灯芯石油灯。它的烛光强度约130，照亮1.8米圆平面绰绰有余，这符合在小教室内讲课的要求。作为石油灯的替代品，我们用酒精白炽灯，这是一个制作精巧的器具，使我们能用酒精蒸气把普通的煤气灯罩白炽化。这样产生的光不如斯托克斯灯光强，得到的光强度相当于72烛光。

在有煤气的地方，我们可以看到，煤气白炽灯使用时灯罩可以直立或倒置，烛光强度约75。乙炔气（排位处于次要地位）用2、3或4个灯头时产生的烛光强度分别为128、188或240。如果乙炔灯的物主不怕麻烦地彻底了解其结构性能，并在每次使用后进行清洗，这个器具是很有效而且使人满意的。如果他不这样做，肯定会有麻烦，其听众的肺早晚会因乙炔气而肿胀。

用聚光灯时，能达到非常可观的烛光强度，依据采用的喷灯，烛光强度在400—2000范围内（用聚光喷灯时烛光强度为400，用两种压缩气体的混合喷灯烛光强度在700和2000之间）。

谈到电灯，我们处在不断进步的早期发展阶段。这方面有巨大的创造发明空间。采用电灯，我们能在200伏上达到2000烛光强度，每一灯丝取1安培电流。用弧光灯能达到更大的强度，依据消耗电流的大小，弧光灯能产生等效于1000—5000烛光强度的光。

聚光器的形式　目前幻灯机中使用最普遍的聚光器是称为"赫歇耳（Herschel）"的聚光器。它由幻灯片旁的双凸透镜和光源旁的凹凸弯月形透镜组成。这种聚光器适合与等效焦距从100毫米到318毫米的物镜一起使用。在很大的厅内操作幻灯以致要求物镜焦距比318毫米长的情况是不多的；但如果发生这种情况，就有必要用焦距较长的凹凸透镜取代聚光器的原凹凸透镜，以便能将光源放得离聚光器近一点。这是因为物镜焦距越长，光源就必须离聚光器越近。

100毫米聚光器主要用于英国，因为它们已够大，足以覆盖83毫米见方的标准英国幻灯片。在美国和法国，采用114毫米聚光器，因为他们幻灯片的尺寸是100毫米×83毫米。这是缺乏国际化标准造成的情况。

物镜　物镜是幻灯机的最后要件。近几年确实获得一些进展，其中在透镜制造上有多方面的改进。用物镜把聚光器使之通过的光聚焦并投影到屏幕上。到达物镜的光波是互相交叉的，结果在屏幕上出现了一个放大而又颠倒的幻灯片图像。过去，采用单凸透镜，球差和色差使得产生的图像很不完美，即使调整光圈也不能显著地改善图像。约在18世纪中期发现，联合应用冕牌玻璃[①]制成的双凸透镜与用火石玻璃制成的凹凸弯月形透镜可以解决色差问题，从而得到消色差透镜。

---

① 一种纳-钙光学玻璃，对可见光有高度透明性——译注。

　　在现代幻灯中，物镜由双消色差透镜组成，外透镜（或前透镜）是消色差平凸透镜（冕牌玻璃透镜与火石玻璃透镜胶合在一起），内透镜（后透镜）具有两个独立透镜，其中一个是等凸透镜，另一个是月牙形凹透镜。这一双消色差组合安装在黄铜管内，该黄铜管能用齿条齿轮传动装置在黄铜外套中前后移动。不久前，名为"珀兹伐（Petzval）"的透镜组合在标准制作的幻灯上得到广泛采用。这个方法在独立的管子中安排焦距不同的物镜组合，所以可将任何组合装进物镜套，从而使幻灯操作人员可选择讲堂中离屏幕任意距离的任意位置。

· 试验白炽灯 ·

　　发电机、从老式电话机取下的电铃和一把有金属尖端的木叉就组成了方便实用的试验装置。木叉的两个尖端要分开到足以靠上灯线盒的接线螺丝，它是有发电机和电铃的电路里的接线端子。转动发电机的曲柄，同时木叉尖端触及灯线盒的接线螺丝，电铃响说明被测试的灯泡和电线状态良好。开始测试前，要打开开关，或者取走一个或其他几个灯泡。

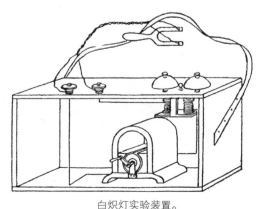

白炽灯实验装置。

辐 射 线

· 做一个自己的云室 ·

你可以很简单地做一个自己的云室，在其中观察宇宙射线和其他射线形成的径迹。最简单的就是用带有金属螺旋顶盖的密封广口瓶。在瓶底内表面上胶粘一布垫或一张卡纸板。在瓶盖内表面粘一块黑丝绒。待胶干后，用乙醇或外用酒精浸透布垫或卡纸板，并将丝绒稍微弄湿。把顶盖拧在瓶上密封，再将瓶倒过来放在干冰块上。用布把金属盖没有盖住的干冰盖起来，防止蒸汽上升到瓶子的外围。

现在，在瓶底附近投射一束光穿过瓶的侧面。在黑丝绒上面50—75毫米处很快就会形成云雾。向下观察它们，以黑丝绒作为观察背景。出现微型簇射雨，在其中间有像细银色闪光一样的原子粒子径迹出现，持续几分之一秒，然后逐渐漂离而去。阿尔法粒子的径迹比电子的径迹宽，伽马射线形成大量的短路径。粒子或者来自空间的宇宙射线，或者来自你周围的放射性物质，它们穿过玻璃瓶就好像玻璃瓶不存在一样。这种射线一直在穿过你的身体（就像穿过瓶子一样），量很小，完全无害。

· 颜色对热的吸收 ·

本实验提供了一个展示不同的颜色对热的吸收能力的简易方法。围绕普通平底玻璃杯的外侧画黑白条带。把小块蜡软化后放置在画出的条带上，将大头针压进蜡中，如图所示。点燃一支短蜡烛并把它放在玻璃杯中间。几分钟后，可以看到黑条带上的蜡先开始软化，这些条带上的大头针先掉落，这是因为黑条带吸收了大量的热。

蜡

大头针

· 简单的X-射线实验 ·

在你眼睛前方拿住一张洁白锡纸，另一只手放在洁白锡纸后300毫米。来到明亮灯光前，就可以看到手骨的轮廓。用你的肉眼能将手骨结构辨认得清清楚楚。

· 热实验 ·

把一小张纸点燃后放入普通的玻璃水杯中。纸燃烧时，将玻璃杯倒过来置入事先充满水的茶盘内。水将在杯中迅速上升，见示意图。

磁 的 概 念

· 实践中的磁力学基本原理 ·

很可能每一个学生都知道磁力是什么，但很少有人能说明这个令人费解的现象。即使是科学家也难以精确地说明磁力是什么。我们的确知道，这是可以观察到的在某些铁制（或含铁）物体周围产生的吸引力。地球是这些物体之一。我们这个星球周围存在巨大的磁场，像所有的磁体一样，地球磁场有南极和北极。所有磁体都有这种极性。

用两个简单磁铁条就能了解这一性质。为了找到你的磁铁上究竟有什么，使置于软木上的磁铁浮在大玻璃碗的水中。用指南针确定"北"，看看磁铁条的哪一端指向这个方向。这就是该磁铁的北极。用胶带或记号笔给那一端做上记号。对你的两个磁铁条做同样的工作。

现在，你能发现磁极的其他一些性质。试着把磁铁的两个北极推到一起，会发生什么？如你看到的，它们要往相反方向移动。磁体最基本的规则是："同性"极互相排斥，"异性"极互相吸引。每一磁体都有南、北极，无论何种形状都将保持这些磁极。用你的磁铁按一个方向重复敲打一根条铁或铁杆，你就能将其制成磁铁。一旦磁化，该条铁就有北极和南极。不过，还有十分令人感兴趣的现象。用螺栓刀具或弓锯把磁化的铁杆在中间切断，分成的两半现在都是磁体，均有自己的北极和南极！试着将两磁体的不同端头放在一起，继续下去做此试验。

· 指南针操作 ·

给几个小孩说明指南针是什么后，他们要求能有他们看得见的实例。手边没有指南针，也不知道何处能找到一个，因此科学家取来其上有几根针的软木塞，一根针作为枢轴，就能满足小孩的要求。这一方法可见示意图。

最好不要将两根针都磁化，除非能小心地保持磁极之间的关系。针的末端或针头必须是对立的，一根针头是南极，另一根针头应是北极。

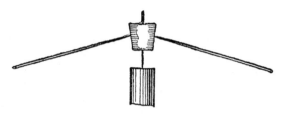

软木塞上的两根长针在中心针上平衡，它们能灵活转动。

· 发现电磁力 ·

有一种你能用电流产生并控制的特殊类型磁力。这称为电磁力，具有很多实际应用。不过，第一步是要了解电磁铁是如何制作的，为此，最好的途径是做一个。

取一段短铁杆（如用于焊接的铁杆），只需要100或125毫米长。再在铁杆上从头到尾用绝缘铜线沿一个方向绕线，绝缘铜线可在家用建材中心或五金店买到。将铜线两头的绝缘剥去，把它们连接到电池的正极和负极。现在你将看到，这个电磁铁吸引含铁金属。流过导线的电流与铁杆（或铁芯）一起产生了磁场。如其他磁铁一样，这一磁铁有南极和北极。你可以用粗一些的铁杆，或更紧密地绕制线圈做实验。很快你会发现，电磁铁吸引力会变得更强大。

· 自制海员指南针 ·

将普通缝衣针A磁化后穿过软木塞B，使软木塞正好在针的中间。把一根大头针C压入穿过软木塞，与缝衣针成直角，再把两根削尖的火柴刺入软木塞的两边使它们向下伸出。用粘在火柴头上的蜡球，使整个装置在针箍上保持平衡。若缝衣针不水平，将穿过软木塞的针向一头或另一头拉，或者变动蜡球调节。整个装置放在玻璃水果盆内，用一块玻璃盖住。

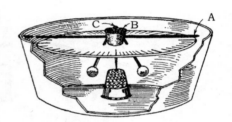

磁化的缝衣针在大头针上转动。

· 设计制造电磁铁[①] ·

你可以设计并制造多用途电磁铁，且不会遇到复杂的数学难题。本文将此项目分解为几个简单的步骤，认真照着去做，就能得到十分满意的结果。

但是，像其他用到铁的电气装置一样，电磁铁的最终性能总与计算值有些不同，因为不可能看看铁材料就准确知道其效能。为了使工作尽

---

① 本节中的单位仍用英制不变，因为在计算导线尺寸、安匝数等公式中所用的数字均以英制单位计。

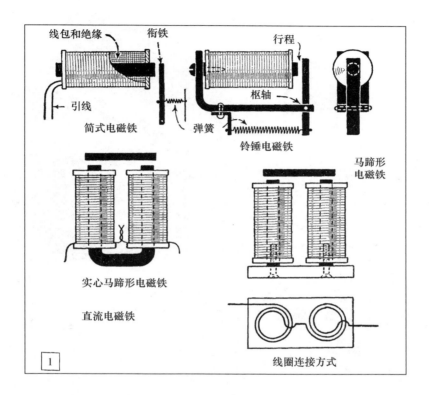

可能精确，后文给出了4种等级的铁材料的性能值。

直流电磁铁　尽管交流电磁铁或直流电磁铁的一般原理是相同的，但我们将从直流电磁铁起步，图1示出了几种直流电磁铁。为了说明设计方法，我们将演示如何制造电磁门锁闩（图2和图3）。在这个门锁闩中，门闩行程只需要1/4英寸。对于长行程，简单电磁铁是完全无效的。要做的第一件事是，取一个卷弹簧保持门闩关闭，以便测试它的张力。在图示的情况中，发现需要25磅压力才能将其压缩1/4英寸。考虑到操作门闩时存在很大的摩擦力，建议设计的磁铁能施加约50磅的拉力。

门闩能方便地用锻铁锻造，所以我们用同一材料制作磁铁芯及框

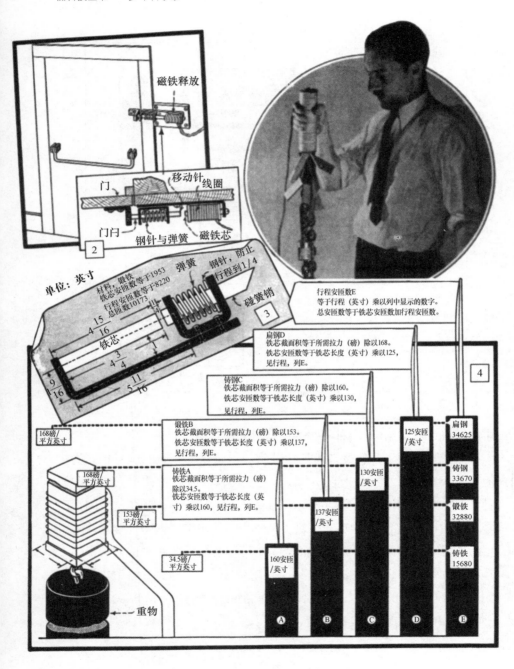

磁铁释放

门
门闩
移动针　线圈
钢针与弹簧　磁铁芯

2

单位：英寸

材料，锻铁
铁芯安匝数等于1953
行程安匝数等于8220
总匝数10173

弹簧

钢针，防止
行程到1/4

碰簧销

铁芯

3

4 15/16
4 1/4
4 3/4
9/16
5 11/16

行程安匝数E
等于行程（英寸）乘以列中显示的数字。
总安匝数等于铁芯安匝数加行程安匝数。

扁钢D
铁芯截面积等于所需拉力（磅）除以168。
铁芯安匝数等于铁芯长度（英寸）乘以125，
见行程，列E。

铸钢C
铁芯截面积等于所需拉力（磅）除以160。
铁芯安匝数等于铁芯长度（英寸）乘以130，
见行程，列E。

4

锻铁B
铁芯截面积等于所需拉力（磅）除以153。
铁芯安匝数等于铁芯长度（英寸）乘以137，
见行程，列E。

铸铁A
铁芯截面积等于所需拉力（磅）
除以34.5。
铁芯安匝数等于铁芯长度（英寸）乘以160，见行程，列E。

168磅/平方英寸

168磅/平方英寸

153磅/平方英寸

34.5磅/平方英寸

重物

125安匝/英寸

130安匝/英寸

137安匝/英寸

160安匝/英寸

扁钢 34625
铸钢 33670
锻铁 32880
铸铁 15680

Ⓐ Ⓑ Ⓒ Ⓓ Ⓔ

—— 204 ——

架。查阅图4，从标为"锻铁"的B栏我们发现，将需要的拉力（在我们的例中是50磅）除以153，就得到磁心的截面积。做这个除法后得到0.327平方英寸。用标准直径的铁棒做磁芯是很方便的，所以，我们选择与此要求的面积大小非常接近的铁棒尺寸。据此，我们选用3/4英寸铁棒做磁芯。下面，我们再次参考标为"锻铁"的B栏，计算磁铁达到要求强度所需的安匝数。此时我们发现，把磁芯长度乘以137就得到磁化磁芯要求的安匝数。安匝是用于此值的名字，用流过线圈中的电流安培数乘线圈的导线匝数。安匝数越大，产生的磁场越强。有50圈导线、流过10安培电流的线圈就用10乘50，得500安匝。类似地，绕250圈导线并通过2安培电流的线圈用2乘250，得500安匝。应用此公式确定要求的安匝数前，我们一定要为线圈及铁芯部件长度假定某个合理数值。图5给出了一个可遵循的规则。根据这一规则，我们绕制的线圈深度为3/4英寸。这意味着线圈外径将是2.25英寸。3/4英寸乘以6等于4.5英寸，作为

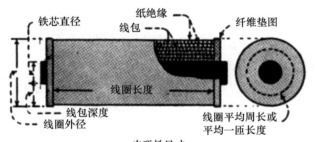

电磁铁尺寸

铁芯直径见图4，线圈长度等于6×铁芯直径
线包深度等于铁芯直径，线圈外径等于3×铁芯直径
线圈平均周长等于6.28×铁芯直径

决定所用导线尺寸   5

首先，电压×12000
其次，安匝数×线圈平均周长
第三，第一个答案除以第二个答案，
结果就是每1000英尺导线欧姆数。对应的线规号见导线表。

线圈长度。为了留一些绝缘空间，切出的铁芯长度应为4.75英寸。参考图3所示的磁门闩草图，我们很容易得知铁芯的总长度。虚线长度代表我们必须测量的长度。换言之，我们要查明磁力必须通过铁芯走多远。总长为14.25英寸。把此数乘以137（如图4"锻铁"条目中指出的），得到1953安匝。此外，我们必须加若干安匝以满足行程要求。这一数量用行程长度（1/4英寸）乘E栏对应"锻铁"所示的数字得到。将此数（32880）乘1/4英寸，得到8220，作为要加的安匝数。1953加8220等于10173，作为线圈要求的总安匝数。同样的计算步骤可用于任何直流电磁铁。任何情况下，磁力要穿过其中形成完整磁路的铁芯总长度必须测定。使用没有返回路径的铁芯时，计算短行程磁铁要求的安匝数只要考虑铁芯长度及行程长度。行程长时，应该采用螺管式磁铁，或插棒式磁铁。

　　下面我们计算绕线圈要求的导线尺寸。图5给出了计算的简单法则。依据此法则，平均周长是铁芯直径的6.28倍，在本例中平均周长是4.71英寸。算出了平均周长后，我们就能确定使用的导线的尺寸。若线圈准备用直流110伏工作，首先将此电压（110）乘12000，得到1320000。然后，将上述求得的总安匝数（10173）乘平均周长（4.71），得到47915。然后用此数去除1320000，得到27.55欧姆，作为每1000英尺我们需要的某尺寸导线的电阻。查阅导线表发现，这一电阻对应的导线尺寸在No.23和No.24之间。我们可以选择其中之一。两者中，尺寸较大的，即No.23线将稍稍增加磁铁的强度，使它热一点；但因为这种磁铁是间歇使用的，可以采用No.23线而不会有过热的危险。在绕制用上述方法算出的线圈时，没有必要数导线的圈数，因为所选的导线尺寸会产生正确的安匝数，与所绕的实际圈数无关。改变电压，或改变线圈直径才会使线圈不能有预期的性能。增加或缩短线圈长度不会改变安匝数或强度。若线圈缩短，它工作时温度就高一些；若线圈加长，它工作时温度就低一些，

导　线　表

B&S或美国线规	线规温度下每1000英尺的磅数	圆密耳	每平方英寸匝数				每立方英寸匝数			
			漆包	单纱包或双丝包	双纱包	漆包加单纱包	漆包	单纱包或双丝包	双纱包	漆包加单纱包
8	764	16510								
9	963	13090								
10	1.215	10380	92.2	87.5	80	84.8	0.00765	0.00725	0.00662	0.00704
11	1.532	8234	116	110	97.5	105	0.0121	0.0115	0.0102	0.0110
12	1.931	6530	146	136	121	131	0.0193	0.0181	0.0160	0.0173
13	2.436	5178	184	170	150	162	0.0308	0.0283	0.0250	0.0271
14	3.071	4170	232	211	183	198	0.0493	0.0443	0.0385	0.0417
15	3.873	3257	293	262	223	250	0.078	0.0697	0.0592	0.0665
16	4.884	2583	365	321	271	306	0.122	0.107	0.0907	0.102
17	6.158	2048	460	397	329	372	0.194	0.168	0.139	0.157
18	7.765	1624	572	493	399	454	0.304	0.263	0.213	0.242
19	9.792	1288	718	592	479	553	0.477	0.397	0.318	0.370
20	12.35	1022	912	775	625	725	0.774	0.657	0.530	0.615
21	15.57	810	1150	940	754	895	1.23	1.01	0.806	0.957
22	19.63	642	1430	1150	910	1070	1.91	1.54	1.22	1.43
23	24.76	510	1780	1400	1080	1300	3.01	2.38	1.82	2.20
24	31.22	404	2240	1700	1260	1570	4.78	3.64	2.70	3.37
25	39.36	320	2820	2060	1510	1910	7.66	5.61	4.10	5.18
26	49.64	254	3560	2500	1750	2300	12.1	8.50	5.95	7.82
27	62.59	202	4420	3030	2020	2780	19.0	13.0	8.66	11.9
28	78.93	160	5580	3670	2310	3350	30.2	19.8	12.5	18.1
29	99.52	127	6900	4300	2700	3900	47.3	29.5	18.5	26.7
30	125.5	101	8700	5040	3020	4660	75.2	43.6	26.2	40.3
31	158.2	80	10700	5920		5280	116.	64.0		57.0
32	199.5	63	13500	7060		6250	185.	96.5		85.5
33	251.6	50	17000	8120		7360	293.	140.		127.
34	317.7	40	21100	9600		8310	460.	209.		181.
35	400.1	32	26300	10900		8700	721.	300.		181.
36	504.5	25	32000	12200		10700	1110.	422.		266.
37	636.2	20	39800				1740.			370.
38	802.2	16	49400				2710.			
39	1012	12	61200				4250.			
40	1276	10	76100				6660.			

不过，产生的拉力是一样的。尺寸合适的隔离垫圈要用胶木或纤维材料制作，如图6所示那样紧套在铁芯上。垫圈的外径应稍微超过线圈的外径。两端垫圈就位时，它们之间的铁芯上卷2—3层厚棕色纸。用虫胶清漆把它们固定，还可以提高绝缘性能。每2—3层导线间要放一层纸，用来增加绝缘性。

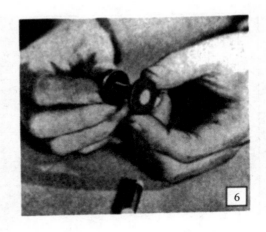

任何绝缘类型的导线均可使用，不会改变线圈的安匝数。线圈做成后，最好将其用虫胶清漆覆盖，见图7。

图8是起重磁铁的简易设计。这种磁铁的框架可以用管帽制造。铁芯用一段铸铁或铸钢车削加工而成。此类磁铁要求的安匝数的计算与上面阐述的一样，只是不要考虑行程。其他特别类型的磁铁也可用类似方法解决。必须记住，包封绕组或短线圈会流过较多安培电流，比长的暴露的线圈要热一些，因为后者能将热发散出来。用于控制杠杆系统的磁铁必须设计得能适应拉力变化，这种变化是杠杆系统要求的。图8下方给出了计算杠杆磁铁所要求拉力的一些简单方法。

交流电磁铁 可以设计

多种用途的交流电磁铁，前提是小心地设计金属部件，当磁铁臂闭合时，使得铁件形成围绕线圈的整个磁路。没有磁力返回路径的普通磁铁对交流电是不合适的。交流电磁铁的铁芯必须用钢片制作，与变压器的铁芯类似。图9展示

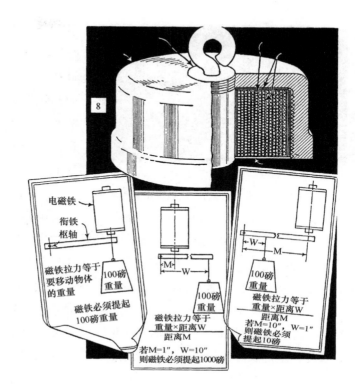

电磁铁

衔铁
枢轴

磁铁拉力等于要移动物体的重量

100磅重量

磁铁必须提起100磅重量

M
W

100磅重量

磁铁拉力等于重量×距离W
距离M
若M=1″，W=10″
则磁铁必须提起1000磅

W
M

100磅重量

磁铁拉力等于重量×距离W
距离M
若M=10″，W=1″
则磁铁必须提起10磅

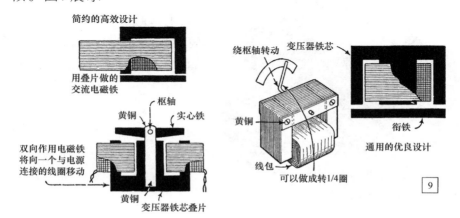

简约的高效设计

用叠片做的交流电磁铁

绕枢轴转动
变压器铁芯

枢轴
黄铜
实心铁

双向作用电磁铁将向一个与电源连接的线圈移动

黄铜
变压器铁芯叠片

黄铜

线包

可以做成转1/4圈

衔铁

通用的优良设计

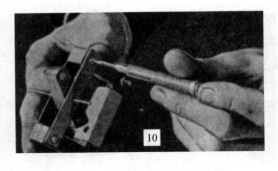

了几种交流电磁铁。用炉用螺栓紧密装配的硅钢片或炉管铁片（图10和图11）可以用作此类磁铁的铁芯。移动部件（或叫作铃锤）比较小时，可用实心金属制成，但其上绕线圈的铁芯必须用所示的叠片制作，否则会产生过热问题。

为了更容易了解如何应用简化方法设计交流电磁铁，我们将演示如何制造一个适用于关闭电开关的交流电磁铁。用于关闭或打开电开关的磁铁称为继电器。由于得到旧变压器的铁芯比较容易，就用它作为我们的铁芯。铁芯和机械装置合在一起的示意图见图12和图13。从图中我们可以看到，在磁铁施加拉力中起作用的铁芯面长度分为三部分。外柱宽3/8英寸，中间柱长3/4英寸。加在一起为1½英寸，就是有效拉力表面的总长度。把此长度乘以铁芯厚度（1/2英寸），得到3/4平方英寸，这就是在磁铁施加拉力中起作用的铁芯截面积。对于交流电磁铁每平方英寸

的拉力面将产生88磅的拉力，这个估值是可靠的。因此，我们这个磁铁的拉力是3/4乘88，66磅。这一数值能满足我们的用途，所以我们就用这个铁芯。线圈要求的导线匝数取决于所用的电压及电源的频率（或周波）。若磁铁用交流电110伏、60周波工作，从图14可知，把电压乘4.7，

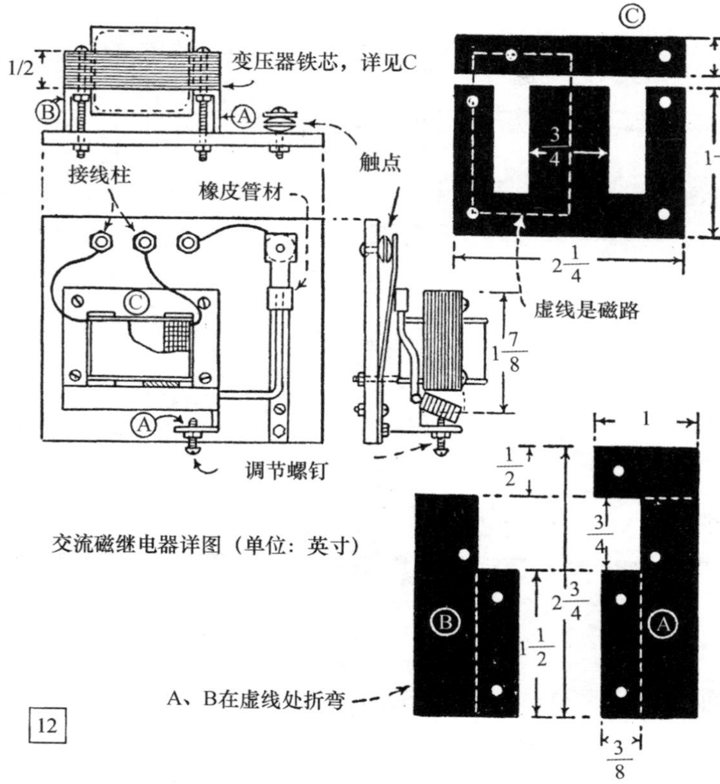
1/2
变压器铁芯，详见C
B
A
触点
接线柱
橡皮管材
C
调节螺钉
虚线是磁路
A、B在虚线处折弯
3/8
1 1/2
3/4
2 1/4
1 7/8
1
1/2
3/4
2 3/4
1 1/2
3/8

交流磁继电器详图（单位：英寸）

12

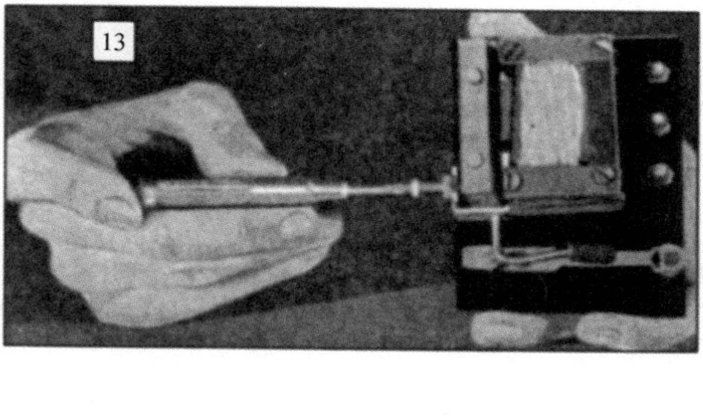

13

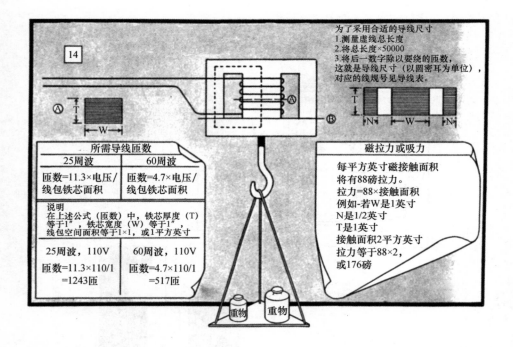

为了采用合适的导线尺寸
1.测量虚线总长度
2.将总长度×50000
3.将后一数字除以要绕的匝数，
这就是导线尺寸（以圆密耳为单位），
对应的线规号见导线表。

所需导线匝数	
25周波	60周波
匝数=11.3×电压/ 线包铁芯面积	匝数=4.7×电压/ 线包铁芯面积
说明 在上述公式（匝数）中，铁芯厚度（T） 等于1″，铁芯宽度（W）等于1″， 线包空间面积等于1×1，或1平方英寸	
25周波，110V 匝数=11.3×110/1 =1243匝	60周波，110V 匝数=4.7×110/1 =517匝

磁拉力或吸力

每平方英寸磁接触面积
将有88磅拉力。
拉力=88×接触面积
例如-若W是1英寸
N是1/2英寸
T是1英寸
接触面积2平方英寸
拉力等于88×2，
或176磅

再将乘积除以铁芯截面积就算出导线匝数。此处的铁芯截面积是在其上绕线的柱截面积。参考图12，该柱宽3/4英寸、厚1/2英寸。将它们相乘就得到截面积为0.375平方英寸。然后求匝数：将电压（110）乘4.7得到517，再将517除以截面积（0.375）得到1379，这就是要求的匝数。图14中也指出了计算导线尺寸的方法。采用这一法则，首先测量磁力必须通过的最短路径长度。图12中虚线指出的就是这个长度，总长为4.875英寸。用此法则求导线尺寸，先用4.875乘50000得到243750。将此数值除以匝数（1379）得到177圆密耳[1]，就是要求的导线尺寸。查阅导线表，可知它在No.27和28之间。由于我们不要求磁铁满功率操控继电器，所

---

① 圆密耳：一种面积单位，主要用于电线，相当于直径为密耳的圆面积。密耳是长度单位，
为英寸的千分之一。

以选择较小的导线尺寸，即 No.28[1]。线圈可绕在一个模子上，再用在变压器结构中使用的同样方法安装到铁芯上。线圈安装到铁芯前，铁芯要用绝缘纸覆盖。

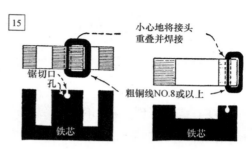

交流磁铁不用术语叫短路环的东西装备时，会有讨厌的嗡嗡声，"短路环"就是一圈绕入铁芯狭长孔的粗铜线，见图15。图中所示的两种方法都是有效的。对于刚才描述的磁铁，应该用一段No.8或更粗的铜线。端头要小心地搭在一起并焊接，见图16。必须小心地把接头处完全熔焊在一起，否则，效果不好。

用黑影标出的线圈防止交流电磁铁的嗡嗡声。

设计磁铁的这些方法可以用于解决各式各样的问题。做此类工作时，最好是先计算出你需要的设计，再通过试验做一些小的修正，直至满意为止。

---

① 按照美国线规，数字越大，线材越细。

· 如何制造小电磁铁 ·

大多数业余爱好者试图做的第一件电工活就是制作某种电磁铁。这种磁铁几乎是所有电气用具的基础，并且它自身也非常有意思。

尽管绕在任何铁芯上的绕组就构成一种电磁铁，但正确地选择参数能得到好得多的结果。本文给出小尺寸电磁铁在低电压下的参数。这些电磁铁也能用在平常的照明电路上。为这种高压绕制小型电磁铁是一件很麻烦的事。

为了用于直流照明电路，将磁铁与比正常电流强度稍大的灯泡串联。例如，1/4安培的电磁铁将能与40瓦灯泡串联在110伏直流电路上很好地工作，如图1的上半部分；而在220伏电路上，要与一对40瓦灯泡如图1下面所示那样连接。类似地，对于1/2安培的电磁铁，在110伏电路上串联两个40瓦灯泡或三个25瓦灯泡。所有灯泡应具有正常电压。

所有电磁铁的总体结构几乎都是类似的。最主要的部件是由绝缘铜线线包围绕的软铁铁芯。图2中绘制的棒形磁铁是最简单的一种。图中还显示了涡轮发电机转子，它也是棒形磁铁类。为了增大功率，常常把磁铁芯弯成"U"形或马蹄形，使得有两个极引至负载。图3是此类电磁铁的几种形式，并指出了绕线方法。环形就是马蹄形的变种，常常用于起重磁铁。图4、图5、图6是三种适用于小型磁铁的铁芯形式。图6这种尽管比其他的制作困难，但对线包有完整的保护，是非常适合实际使用的磁铁。

在设计合理的电磁铁中，小电流能支持大重量。但是，它不能将磁力施加到离磁极面有一段距离的地方。一台能搬动10吨重箱子的大型起重磁铁，却不能扰动3米外口袋中的小刀——可是它也许会严重地影响手表。甚至粗笨箱子上的秤都可能干扰搬动它的电磁铁的起重能力，因此这些不得不在设计中加以考虑。一个电磁铁对较小的物件施加的力也

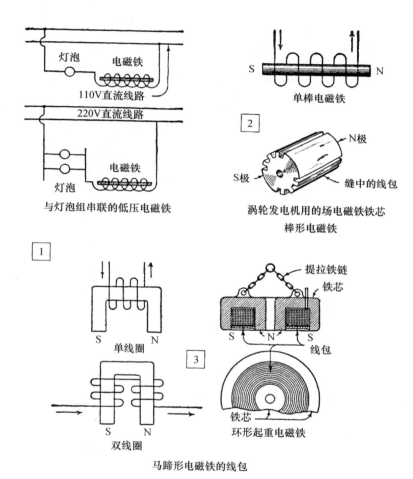

图1、图2、图3说明电磁铁线包的电流方向和成形方式。

不能与对大物件施加的同样大小。例如，能提起重达9000公斤"粉碎"大铁球（它在废铁块上约6米处掉下来能将其粉碎）的磁铁却不能抓住450公斤重的废铁。因此尽管能为特定用途精确设计一个电磁铁，但不可能给出用于通用负载的准确数据。因此，表Ⅰ和Ⅱ中给出的数据能

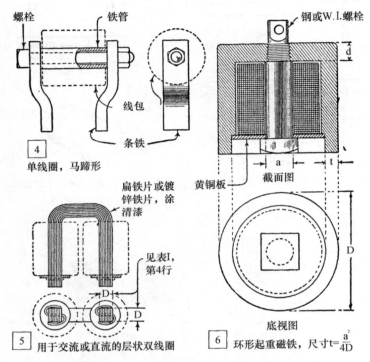

图4、5、6显示了用电池工作的小型电磁铁的实际构建方法。

当作参考数据，而不是严格不变的。这些数据可以用于制作在适当条件下工作的电磁铁，即用于起吊平展、光滑的铁件，铁件的截面至少等于铁芯的截面。在这些条件下，才能得到额定的抓力。要注意，尺寸小的没有尺寸大的节电，主要因为磁极间的气隙阻抗和负载对各种尺寸来说大致相同。

理论上，吸住不动的磁铁不做功，完全不应该消耗能量。实际上电磁铁中能量全都损失在克服线包阻抗中。因此，要采用尺寸恰当的足够导线，可以使电流非常小。实际中，要考虑种种实际因素达到一种平

表I 任何电压小型电磁铁的通用数据						
拉力或保持力（磅）	2	5	10	20	50	100
安匝数	175	225	300	400	800	1,500
铁芯面积（最小）（平方英寸）	0.04	0.1	0.2	0.4	1.0	2.0
圆铁芯直径（英寸）	$\frac{1}{4}$–$\frac{3}{8}$	$\frac{3}{8}$–$\frac{1}{2}$	$\frac{1}{2}$	$\frac{3}{4}$	$1\frac{1}{8}$	$1\frac{1}{2}$

表II 线包尺寸						
电压	保持力（磅）	电流（安培）	线包匝数	美国线规	线直径（英寸）	所需线长度
$1\frac{1}{2}$	2	1/4	700	28	0.012	105
	5	1/4	900	25	0.018	180
	10	1/4	1,200	23	0.022	300
	10	1/3	900	23	0.022	225
3	2	1/4	700	31	0.008	100
	5	1/4	900	28	0.012	170
	10	1/4	1,200	26	0.016	300
	10	1/3	900	26	0.016	225
6	2	1/4	700	34	0.006	100
	5	1/4	900	31	0.008	170
	10	1/4	1,200	29	0.011	300
	10	1/3	900	29	0.011	225
	20	1/3	1,200	26	0.016	425
	20	1/2	800	26	0.016	280
12	10	1/4	1,200	32	0.008	300
	10	1/3	900	32	0.008	225
	20	1/3	1,200	29	0.011	425
	20	1/2	800	29	0.011	280
	50	1/2	1,600	24	0.020	850
	100	1	1,500	21	0.028	1100

衡。为了避免线包过重，电流值可以合理地取高一些；不过，电流不要高于能从电池中经济地取出的电流值。

若要采用任意尺寸的不同线包及电流，只要导线匝数与电流的乘积与表Ⅰ中给出的安匝数相同。例如，10磅电磁铁可用表Ⅱ中两个方法中的任一个绕制。两个方法均能得到300安匝：一个是1/4安培乘1200匝，另一个是1/3安培乘900匝。用1安培和300匝、或0.1安培和3000匝也能获得相同的拉力。所以，可以根据线包、给定的导线和绕制难度等方面选择适合自己的方式。无论怎样绕制，铁芯是给定的尺寸。

绕组最好用纱包电磁线制造。实际上，这可能是唯一的选择，因为大多数地方会有这种小尺寸导线。与其把导线直接绕在铁芯上，还不如在仿制的木芯或纸芯上制作绕组，用绝缘胶布缠绕后再将其放到铁芯上。绕组可以设计成由两个线圈组成。

铁芯截面可以是任意形状，不过，线圈放置的地方应是圆形或接近圆形，否则就会造成导线浪费。无论如何，其各处的面积要等于或大于表中列出的圆铁芯面积。其他尺寸也要适合绕组。

若电压足够高，这些电磁铁在交流电上能勉强运行。不过，它们会由于铁损而发热。用纸或清漆绝缘的铁丝或一叠铁片条做一个铁芯（图5）能大大减少发热。为了得到足够的电压，必须通过灯泡将其连接到照明电路上。不可能不过热而又得到与用直流电一样大的吸力。

与电磁铁这一议题紧密相关的是带铁芯使用的螺线管电磁铁，其铁芯被拉入线圈而使一些机械装置运动。这种铁芯必须具有大的气隙；也就是说，没有如马蹄磁铁中那样近于完整的铁芯磁路。因此，几乎不可能对某个绕组预计的拉力给出十分明确的数据。表中给出的是这种螺线管绕组的建议值，而拉力当然要比给电磁铁的小得多。一般说来，拉力取决于铁芯截面积和线圈安匝数，所以，加大任一因子都能得到更大的拉力。但是，应在两者之间保持合理的比例才能得到最佳的工作状态。采用螺线管和插棒式铁芯时，很容易得到25毫米或更多的运动行程，拉力当然也相应减少。

需注意的是，拉力是对面积等于铁芯面积的由铸铁制成的衔铁计算的；假定0.13毫米气隙为最小值。其他铁芯尺寸的确定应适合绕组的形式和大小，使铁芯短得方便实用。

· 浮动电磁铁 ·

放在带电流线圈中的一段铁芯就成为电磁铁。如果此线圈和铁芯做得足够小，就可将它们附着在软木块上。浮在溶液上的软木块允许该磁铁指向南北。图中说明了如何制作这个仪器。绝缘导线线圈包住小铁芯，每一端留下适合的长度用于连接。把这些端头的绝缘除去后穿过软木块。在软木块的下方，一片锌片与导线的一端连接，一片铜片与导线的另一端连接。然后，软木块浮在酸性溶液上，锌片和铜片悬挂在溶液中。若用锌片和铜片，溶液就用水和蓝矾制成。若用锌片和碳片，溶液用氯化铵和水制成。

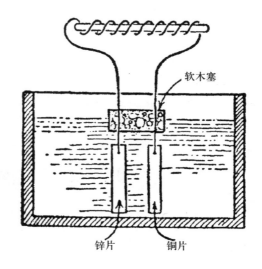

软木塞

锌片   铜片

浮体在溶液上摆动，直至磁铁指向南和北。如果有两个浮在同一溶液上，它们都将摆动，最后头对头，线圈和磁铁芯指向南和北。

· 给手表退磁 ·

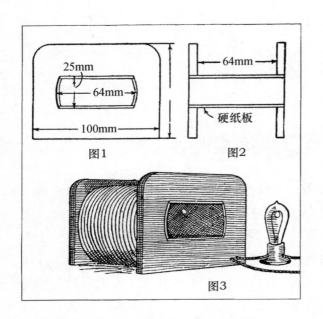

25mm

64mm

100mm

图1

64mm

硬纸板

图2

图3

把一个小指南针放在手表上最靠近擒纵轮的一侧，就能测试你的手表磁化没有。若指南针的指针跟随擒纵轮移动，说明手表已磁化了。磁化的手表必须放在交流电流过的线圈内才能除去磁性。可以按图做一个消磁器。用6.4毫米厚的木片为线圈做两个端板（图1）。这些端板中挖出一孔，然后用胶把端板孔的内沿与长75毫米的硬纸板筒固定在一起（图2）。在新成型的线轴上绕约2磅No.16纱包铜线。由于有必要用16烛光灯泡与线圈串联，线圈和灯泡两者都安置在适当的基座上并如图3那样连接。电源（必须是110伏交流电）接入灯泡和线圈，再将磁化的手表经线圈中心的开口慢慢拉出来。

· 用交流电制造永久磁铁 ·

在业余爱好者的实验室里，常常希望把一些钢铁零件永久磁化，但没有将常用交流电整流的工具就做不到。这一困难很容易解决，只要把

用于磁化零件的线圈放进有相当
粗的保险丝（5安培或10安培）
或细铜丝的电路中，如图所示。
开关闭合时，保险丝当然会熔
断，但线圈中瞬时的电流非常
大，且断开如此之快，保留了钢
的磁化。只有当电流断开发生在
峰值或者周期变换时，上述的结
果才会发生。如果不成功，可以
重复试多次。

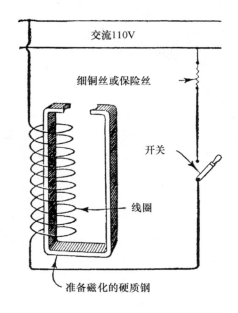

交流110V

细铜丝或保险丝

开关

线圈

准备磁化的硬质钢

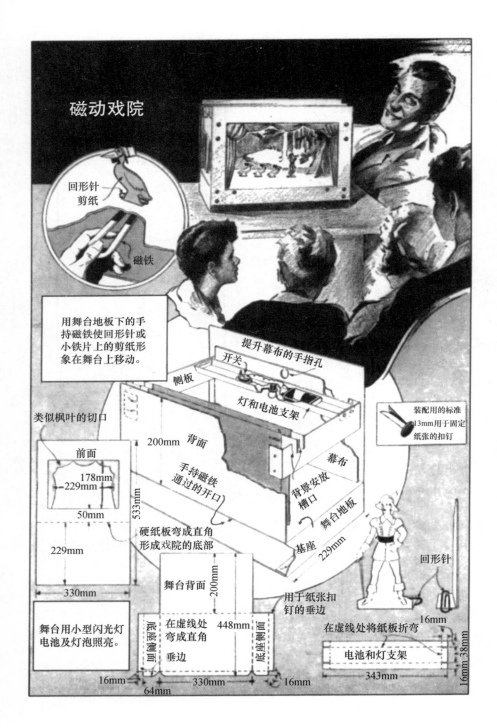

磁动戏院

回形针
剪纸

磁铁

用舞台地板下的手持磁铁使回形针或小铁片上的剪纸形象在舞台上移动。

提升幕布的手指孔

开关

侧板

灯和电池支架

装配用的标准13mm用于固定纸张的扣钉

类似枫叶的切口

前面

178mm
229mm
50mm

229mm

330mm

200mm

背面

手持磁铁通过的开口

533mm

硬纸板弯成直角形成戏院的底部

幕布

背景安放槽口

舞台地板

基座

229mm

回形针

16mm

舞台用小型闪光灯电池及灯泡照亮。

舞台背面

200mm

底座侧面

在虚线处弯成直角

垂边

448mm

底座侧面

用于纸张扣钉的垂边

在虚线处将纸板折弯

电池和灯支架

343mm

16mm

38mm

16mm

330mm

16mm

64mm

·制造极化继电器·

业余爱好者制作的趋势是，采用容易获得的装置的标准零部件，以最小的工作量制造其他设备。这里要描述的极灵敏的极化继电器就是一个范例。

用于此继电器的永久磁铁来自旧电话的磁石发电机。衔铁用的枢轴来自极化电铃。把振铃枢轴杆的长尾端割掉，在其中钻孔，孔与中心的距离使得插入孔中的两个螺栓跨立在永久磁铁的一条腿上。类似地在短铜片（或铁片）上钻孔，用来把衔铁枢轴安装到磁铁（见图示）。

衔铁用软铁制成，上部宽度要正好与枢轴螺钉之间距离匹配，其长度大约为磁铁两端距离的2/3。用中心冲头在衔铁边缘冲出一些凹口，用于容纳枢轴螺钉的尖头。衔铁的剩余部分可以加工到与电磁铁铁芯一样的宽度。用铜导线做的小铆钉将短黄铜片铆在衔铁的下端。此黄铜片的自由端有一个银触点，这个银触点是在黄铜片上钻一个小孔，再在其中铆压一段银导线形成的。

电磁铁来自单极电话受话器，每一电磁铁的绕线电阻约75欧姆。这些线圈安装在U形轭铁上，以便在铁芯间留约6.4毫米的空间。轭铁的腿要足够长，能把线圈置于永久磁铁两腿间的中间位置。用机器螺钉穿过轭铁端头的孔固定线圈。

固定触点是用黄铜带做的，弯成图示的形状。钻出用于连接到基座

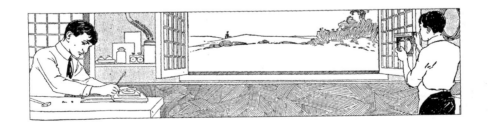

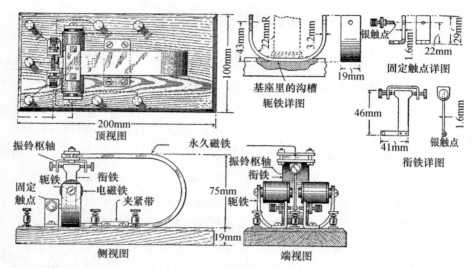

用旧电话机磁石发电机上的部件制作此极灵敏的极化继电器，可以改变其电阻以适合工作条件。采用适当的接线柱，此线圈可单独使用，或串联使用，或并联使用。

和调节螺钉的小孔。用于调节螺钉的孔要攻罗纹以便于螺钉的调节，螺钉必须带有锁紧螺母。这些螺钉的端头焊银触点。

　　木基座上挖槽以固定支承线圈的轭铁，如图所示。轭铁用永久磁铁保持在适当位置，黄铜夹紧带把该磁铁固定在基座上，见图示。将一小段细铜线与衔铁上的黄铜带焊接，以便通电流。每个线圈应连接独立的接线柱组；两个固定触点和衔铁触点与其他三个接线柱连接。

　　如有必要，采用适当的接线柱可以改变继电器电阻。两个线圈串联时，电阻约150欧姆；单独用一个线圈时是75欧姆；两个线圈并联时约32或33欧姆。连接时，要注意使磁铁在衔铁的不同侧形成相反的极。

运 动 科 学

· 为什么比重液电池未能工作 ·

很多业余电工和一些专业人员一直在制作比重液电池方面遇到很大的问题。他们小心地按操作说明去做，但得不到好的结果。常见的问题与电池本身无关，而是与电路有关。比重液电池只适用于通常是闭合的电路。因此，它对电铃、电感线圈及其他的开路装置是不合适的。电路中还应有很大的电阻。因此，将其用于驱动风扇电机是不切实际的，因为若要使用这种电池，电机就要用细导线绕制，那么就会需要很多电池才能提供足够高的电压。

为了做比重液电池：取约1.6公斤或足以覆盖到铜部件上25毫米的胆矾（天然硫酸铜），倒入足量的水，覆盖到锌部件上13毫米。短路3小时后，电池就可使用了。若要求马上使用，不要短路，而是要加142—170克硫酸锌。

保持锌底部以下约13毫米处有蓝色和白色液体的分界线。若太低，吸出一些白色液体并加一定数量的水，但不要搅动或混合两种液体。此类电池将给出0.9伏的电压，可用在100毫安的电路上。

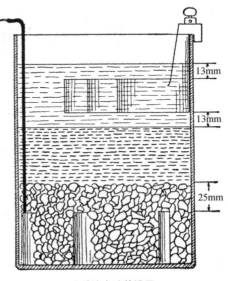

13mm

13mm

25mm

比重液电池的设置。

· 椅子上的平衡技巧 ·

一只脚踏在椅座的前部，另一只脚踏在椅子的靠背上，在椅子两后腿上保持平衡是大量重力实验中的一个。这似乎是很难做到的事情，但只要实践几次就可能做到。这是儿童之家的孩子们做的一个练习，用于他们自己的年度表演。许多孩子同时登上椅子，在指挥员的口令下维持平衡。

· 一斤糖为什么就是一斤糖？ ·

如果你到杂货店去买一斤糖，你就得到了一定数量的糖，它在杂货店的秤上重一斤。它"称重"一斤是因为重力以一定的力向下拉它。

在糖袋中有一定数量的糖，它由分子组成，而分子又由原子组成。在此袋子中有一定数量的原子，各部分原子组成了糖所谓的固体部分。这就是它的"质量"。

若你进行野营旅行，你可能会在背包中带上这袋糖，一直没有打开袋子，爬上了高山。如果在那里称一下糖的重量，可能会比一斤少一些。难道杂货店主不诚实，少给了？完全不是。重力已经改变了。正如牛顿定律告诉我们的，你爬到山上时，重力减少了。重力随距离的平方数变大而变小。

这袋糖在山上确实再也秤不到一斤重了，因为"重量"仅仅是重力的度量，你离地心越远，重力就越小。另一方面，袋中的原子数量仍与你出发时一样多。固体材料的量（质量）保持不变。

当然，假如较之上一袋糖，你有是它两倍的一袋糖，那么，它的称重也将是较小一袋的两倍，这与你在山顶用秤称它还是在杂货店的秤上称它无关。在家中，它的称重有两倍，为两斤。在山上，它的称重没有两斤，不过它仍然是小袋糖称重的两倍。

所以，重量（或重力）与距离和质量（山的高度和袋内某种原子的数量）两者有关。

· 重心实验 ·

这一实验是由放在桌上的棒悬挂一桶水构成的（如图）。为了完成这个看起来不可能的实验，必须把一根足够长的棒A放置在桌上那根棒的末端与桶底之间。这就使重心在靠近桌上那根棒的中间的某个地方，因而能像图中那样把桶提住。

· 不用动力的旋转轴 ·

图示的装置看起来可以不用任何动力就能工作，每小时转2—3圈。尽管慢，但运动总是需要能量的。

在轴承B和C中的轴A支承在水箱D的边上。中心孔直径比轴大的圆盘E置于轴的中间。圆盘用12根或更多的棉绳F支撑。水箱中加水至水平面G。下面浸没在水中的绳子收缩，将圆盘稍稍抬高至偏心位置，如图中虚线所示。由于圆盘在这一位置的重心较高且偏向轴的一边，它就有转动的倾向。转动使下一根绳子进入水中，绳子浸泡，收缩再次发生，把圆盘抬升到较高位置，同时，从水中出来的绳子逐渐变干。从水中出来但还没有干透的绳子，使圆盘的上部处于相对于轴中心的横向偏心位置，这样，不仅使重心高，而且稍稍偏向一边。

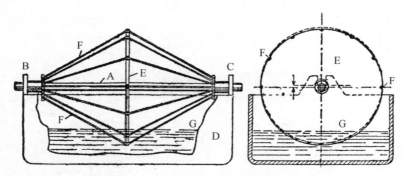

棉绳的扩张与收缩使圆盘上升，偏向重心的一侧。

· 60厘米长的尺与锤子的实验 ·

附图显示的是一个不稳定的平衡实验。只需要一把60厘米长的尺、

平衡实验。

一把锤子、一段绳和桌子（或工作台）。用手柄轻而头很重的锤子时，实验效果最好。把线头打一个结，形成绳圈，再将其绕过锤柄和尺。然后把此装置放在桌子边上，它将如图那样保持悬挂状态。

·伽利略钟摆实验·

伽利略是意大利文艺复兴时期的科学家和历史上最伟大的数学思想家之一。他提出了很多美妙的实验来测试自己的理论。他做过一个你也能做的实验。他在墙上钉一个钉子，在钉头上挂一根线，然后在线的一端固定重物。若你做这个实验，建议你不要把钉子钉在石膏上。任何其他墙壁都可以，如果没有墙壁可钉，你可将钉子钉进其他平坦表面，如一块厚重的硬纸板。

用重物（可以是任何东西——小石头、游戏用的弹子、一小块铁）替换伽利略看到的在比萨大教堂内摆动的枝形吊灯。首先我们要去证实（如伽利略做的那样），他在大教堂内观察到的是真实的。无论重物摆得高还是轻微摆动，它完成一个完整的摆动，所需的时间是一样的吗？

如果你有秒表，就很容易做这个实验。把重物拉开，再放开它，在它通过最低点时启动秒表，让其双向摆动，摆过两个方向后又通过最低点时，停止秒表。然后你将重物拉出一点点，让它以小弧形摆动。如果你在正确的时间按下秒表按钮，你会发现重物（或钟摆）是在完全相同的时间内来回摆动的，与你放开它时拉出多远无关。若你计时出错，多次重复实验以确认计时是正确的。

如果你没有秒表，用带有秒针的手表或钟也行。你可以将重物往后拉一段距离使其通过长弧摆动。让它摆动50次，用手表或钟测出摆动50次要多少秒。再将总时间除以50（这是很简单的算术题），就得到重物摆动一次的平均时间，得到的值是相当准确的。你可以多次重复实验，每次将重物拉开的距离不同，使重物摆动的弧也不同。

· 钟摆实验的深入研究 ·

伽利略发现了有关钟摆的其他事情。他发现，在给定的一段时间内，任何一个钟摆将只会来回摆动一定的次数。让你的自制钟摆摆动30秒，你就能自己证明这一点。数出30秒内的摆动次数，重复实验，次数总是相同的。

但如果加长绳子再计数，你会发现钟摆在30秒内的摆动次数少了。进一步的实验证明，不管你将重物拉开多远再启动钟摆摆动，总是得到新的同样的摆动次数。

若将绳子缩短，钟摆在30秒内的摆动次数多了。不过，对绳子的每一长度，摆动次数总是相同的。只要绳子的长度保持一样，你无论做什么都不能改变摆动次数。试一试对重物吹气、打击绳子在不同位置停住重物，然后再让其自由摆动。你不能改变绳长固定的特定钟摆的固有频率。

你以后会发现，"固有频率"在物理学中有重大作用。物质的最微小部分也以固有频率振荡。例如，物体有不同颜色与此有关。伽利略长时间观察其钟摆并十分细心地计时，他发现，即使绳子长得看不到其顶端，也能知道这根绳子有多长，只要数出并比较摆动次数即可。

他发现，绳子长度与给定时间内摆动次数的平方成反比。

例如，0.5米长的钟摆振荡40次，同时，另一钟摆摆动20次，伽利略精确地算出另一钟摆的绳长一定是2米。

首先，他将两种情况下的摆动次数取平方——40的平方是1600，20的平方是400。1600与400的比例（或比值）是4∶1。因此，较长绳子为短绳子的4倍。由于短绳是0.5米，长绳就为它的4倍，即2米。

你可以安装第二个钟摆，自己证明伽利略是否正确。取两根绳子，一根长0.5米，另一根长2米。启动两个钟摆摆动。你数出短钟摆摆动40次的同时，请你的朋友数长钟摆的摆动次数。你数40的时候，你的朋友是否数20？若如此，伽利略就是正确的。

改变较长绳子的长度。你再数40次摆动。你数的同时，你的朋友数较长钟摆的摆动次数是多少？还是20吗？如果是20，伽利略就错了。若你是一个认真的科学工作者并希望研究得深一些，那就对照伽利略理论验证你得到的新结果。伽利略指出，绳长与摆动次数的平方成反比。如果将较长绳子的新长度，乘以你朋友在你数40的同时数的摆动次数的平方，答案是800。你知道为什么吗？如果不知道，别着急。当你掌握数学方法时就会明白的。

注意在验证伽利略理论时，两钟摆摆动的时间长度必须完全相同，即你的朋友必须在你数短绳摆动40次的时间内数摆动次数。

· 落体的悖论 ·

在作为教师的那段时期，伽利略发现了落体定律。他对古人亚里士多德的说法提出挑战，证明重石头与轻石头下落时，两者将同时碰到地面。

即使你能很容易证明这是真理，但似乎不太合理。就像亚里士多德的说法，你似乎也觉得比另一物体重两倍的物体应该下落得快一些。

用下述方法来进行推理。假定将重物一分为二。设想我们有一个粘土大球，并将它分成相等的两个小球，重量相等。我们如果同时使两个小球下落，一手一个，两手分开0.9米，可以合理地预计它们会同时击中地面。

现在将我们的手靠近，使两球几乎接触，再使它们落下，我们还是可以期待它们会同时击中地面。第三次做此实验时，两球进一步靠近，我们把它们压在一起，又成为一个大球，期待它们以与过去同样的速度下落难道不合理吗？落下的速度与它们是分开落下，还是作为一个大球的两部分落下有关系吗？完全没有关系。

在没有空气的任何情况下，落体定律都是正确的。但是，空气会对在其中运动的任何物体产生阻力。空气"不喜欢"被推向两边，正如小船在水上行进时，水也"不喜欢"被推向两边一样。

没有空气的气球比充有空气的气球下落得快。这不是因为充有空气的气球比较轻。实际上，气球中的空气是有重量的，因此，充空气的气球比没有空气的气球要重一些。将两种气球放在秤上称，就能证明这一点。

充空气的气球比没有空气的气球下落得慢是因为充空气的气球比较大，因而给空气阻力提供较大表面，这就使其下降比较慢。

从自己的经验可知，推压空气的表面越大，阻力就越大。若你将手伸出正在向前运动的汽车窗外，你必须用力才能保持手不被往后推。不过，若你将手平放，手掌向下，你感到的空气阻力比将手掌向前时要小，因为手掌向前时提供了较大表面。在空气中下落的任何物体都会受到空气的阻力。

· 简易加速度计 ·

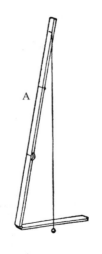

A

　　下面描述用在指示火车速度增加的简易加速度计。此仪器的组成是普通的610毫米长的尺A、系在560毫米标记处的一段细线（见图），以及细线附带的小重物（可以是纽扣或其他小物体）。把直尺在150毫米处如图那样折断。

　　如此设置的仪器放在火车车厢的窗台上，指示加速和减速的方法如下：细线在尺弯曲部分每行进12.7毫米，指示速度每秒增加或减少305毫米/秒。比如若细线在火车运动的相反方向移动57.2毫米，则说明火车正在以1.4米/秒的比率增加其速度。

　　如果细线系在432毫米标记处，则每12.7毫米将代表每秒增加1.6公里/小时。这样，若细线移动25.4毫米，它表明火车速度每秒增加3.2公里/小时。

· 滑轮组的提升能力 ·

　　拉力为100斤的人用单滑轮组只能提升100斤的重量（图1），但用两个单滑轮组他能提升该重量的2倍，如图2所示。用上面是双滑轮组、下面是单滑轮组时（图3），绳上100斤的拉力将提起300斤重量；2个双滑轮组时（图4），绳上100斤的拉力将提起400斤重量。

图1中，负载是直接由一根绳子支持的；图2中是两根；图3中是三根；图4中四根。提起的重量分别是100、200、300和400斤。因此，以这种方式安排滑轮组，能提起的重量与支持它的绳子成正比。这些计算中，没有计入人握的绳子重量，因为他是沿着与重物运动相反的方向拉；假如他在滑轮上方拉的话，他握的绳子重量也应考虑在内。

安排滑轮的另一种方式示于图5、图6、图7和图8，滑轮组均是单滑轮。如图所示，这种安排下每增加一个滑轮，能提升的重量就翻一倍。所有计算中都没有考虑摩擦，故提起规定重量所要求的实际拉力要稍大一些，准确大小取决于绳子的柔韧性、滑轮直径、轴承的平滑性及其他条件。

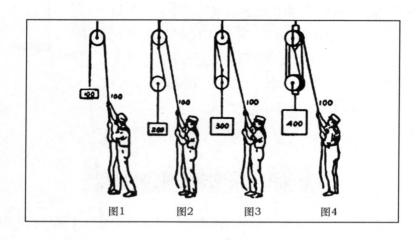

图1　　　图2　　　图3　　　图4

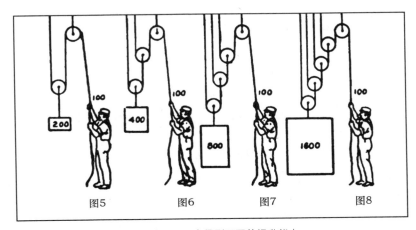

图5 图6 图7 图8

滑轮组的不同组合得到不同的提升能力。

（京）新登字083号

图书在版编目（CIP）数据

少年科学家：给孩子们的155个科学实验和制作方案 / 美国《大众机械》编；孙洪涛译. —北京：中国青年出版社，2013.12
（低科技丛书）
书名原文：The boy scientist: 160 extraordinary experiments and adventures
ISBN 978-7-5153-2043-4

Ⅰ．①少… Ⅱ．①美… ②孙… Ⅲ．①科学实验－少年读物
Ⅳ．①N33-49

中国版本图书馆CIP数据核字（2013）第269739号

版权登记号：01-2011-7201
The Boy Scientist: 160 Extraordinary Experiments & Adventures
copyright © 2009 by Hearst Communications

责任编辑：彭　岩
书籍设计：刘　凛

出版发行：中国青年出版社
社址：北京东四12条21号
邮政编码：100708
网址：www.cyp.com.cn
编辑部电话：（010）57350407
门市部电话：（010）57350370
印刷：三河市君旺印刷有限公司
经销：新华书店

开本：710×1000　1/16
印张：15.5
字数：150千字
插页：1
版次：2013年12月北京第1版
印次：2022年1月河北第7次印刷
定价：28.00元

本图书如有印装质量问题，请凭购书发票与质检部联系调换
联系电话：（010）57350337